週末動手做 鋼彈模型

**P E R F E C T**

# 完美組裝妙招集

～ 鋼 彈 簡 單 收 尾 技 巧 推 薦 ～

U0080177

## 前言

　　我也想組鋼彈模型，可是好像很難；以前組過，但卻沒有時間，光組裝就是一大工程……。大家放心吧！這是一本運用成型色即能在短時間內「簡單精修」的技術集，而且還內含許多可以盡情享受的妙技。

　　麻煩的表面處理、昂貴的噴筆等，本書完全沒用到。只有初學者到老手都用得到的技巧。我希望本書能協助大家利用週末閒暇時光，製作帥氣的鋼彈模型！

T e p p e i  H A Y A S H I

## 林哲平

# CONTENTS

# 動手組裝前務必先認識！
# 17 種推薦工具

　　首先介紹作者推薦的17種工具，建議大家動手簡單精修鋼彈模型前，務必先認識並備齊。當然不是說備齊後才能開始作業，而是必要時建議大家購買使用。

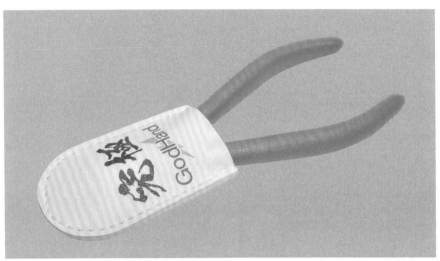

▲破壞用斜口鉗
這是表現損壞或挖榫孔等用於破壞的斜口鉗。用於破壞的斜口鉗，刀刃當然會變形，難以完美地自湯口剪下零件，所以建議另備一隻專門用來破壞的斜口鉗。兩刃刀且刀刃愈薄愈好用，但用來破壞的斜口鉗不用買太貴的。我用的是用舊了的田宮薄刃鉗。

▲究極斜口鉗
能完美地剪下零件湯口的斜口鉗。與其用筆刀，用這把斜口鉗把零件剪下來後再修整湯口，可以讓湯口痕跡更不明顯。價格雖高，但從「買時間」的觀點來看，還算是性價比很高的工具。不過因為刀刃薄容易變形，請注意不用要來剪粗澆道或用於破壞零件。

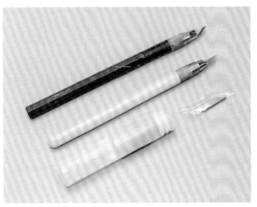

◀筆刀
剪湯口、戰損、合成等，製作獨創鋼彈模型時加工零件和作業用的必備工具。特徵是刀刃薄且鋒利。但也因此刀刃容易受損，刀鈍了又不自覺地會過度用力，可能因此受傷，所以請勤換刀刃。替換用刀刃很便宜，不用太擔心。

▶吹風機
用來讓塗料快速乾燥。快速組裝時不可或缺的工具，搭配需要較長時間乾燥的油彩類郡氏舊化塗料（Mr. Weathering Color）使用，效果卓越。建議使用冷風。用熱風吹，模型可能受熱變形甚至破損。

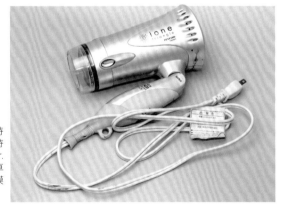

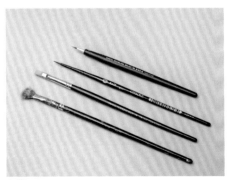

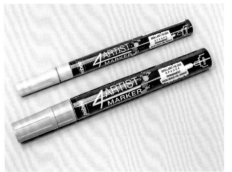

▲筆
用途多，可用於部分塗裝、乾刷、漬洗等。請視用途區分使用面相筆和平筆等。塗裝時常使用有機溶劑，所以模型用筆很容易壞。如果筆尖出現分岔或長度不均，就要換新筆。請把筆當成耗材。

▲4 Artist麥克筆
超高性能麥克筆，一筆下去即可呈現出有光澤的電鍍質感。麥克筆是油性塗料（Enamel Paint），可用油性漆溶劑拭淨。乾燥後用手拿時，塗膜易因手指上的油分而剝落，所以塗後盡量不要用手觸摸。

▲鋼彈麥克筆
模型初學者最常使用的酒精性麥克筆，魅力是使用方便。有些顏色又可超越硝基塗料（Lacquer Paint）或水性塗料（Acrylic Paint）的表現，是很優秀的素材。照片中是我最常用來做銀色乾刷的鋼彈銀色。

**◀ 簡易噴漆罐**
最簡單的噴漆罐，可輕鬆把瓶裝塗料改造成噴筆使用，還可自行調色。而且氣瓶還可和百圓商店的噴槍氣瓶互換，性價比超群。許多模型玩家光靠此噴漆罐，即可做出不輸給專用噴筆的塗裝，試大家務必試試。

**▶ 郡氏特級消光保護漆**
水性消光噴漆。塗膜強度高，乾燥時間短。不易白化，因為是水性噴漆，即使底漆是用硝基塗料塗裝，也不易溶出，這也是這罐保護漆的特徵。氣味不像硝基塗料那麼重，也比較不會造成人體負擔，容易得到家人理解，這也是最棒的地方。

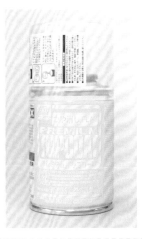

**▲ 郡氏噴漆罐**
（Mr.COLOR Spray、Gundam Color Spray）
GSI郡氏推出的硝基塗料噴漆罐。塗膜強度高，也不會溶解墨線。乾燥速度快，可快速上色。Gundam Color Spray噴漆罐提供許多鋼彈專用色，初學者可放心選用。

**▲ 田宮墨線液**
可利用溶劑稀釋田宮油性顏料，調成最適合入墨線的濃度。油性漆溶劑容易滲透塑膠，大量使用時很容易造成只以成型色簡單精修的模型破裂，請鎖定重點使用如線條漬洗等。不建議初學者使用，最好等上手後再使用。

**▲ Citadel 模型漆**
遊戲工坊（Games Workshop）推出的模型漆。專供筆塗使用，可用自來水為溶劑稀釋，也沒有怪味，乾燥速度快，顏色均勻，是有如魔法般的水性塗料。價位偏高，但貴得有理。如果要用在鋼彈模型上，建議使用遮蔽力強的基本色。

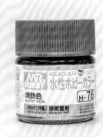

**▲ HOBBY COLOR水性漆燒鐵色**
因模型達人Rider～Joe而大受矚目的終極塗料。或許有人會認為「現在這個時代還用HOBBY COLOR水性漆？」但只要塗上這個顏色，立刻變身為消光模型，而且HOBBY COLOR水性漆特有的吸附力容易附著在舊化素材上，完全乾燥後還有超群的塗膜強度，可說是最強的舊化用關節色。用過一次就會愛不釋手。

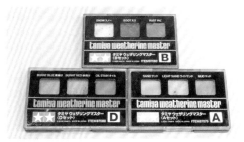

**◀ 田宮舊化粉彩盒**
像化妝一樣，用類似眼影棒的道具擦上，即可輕鬆得到舊化效果的舊化用素材。除了泥和砂之外，還有紅燒色和銀等金屬色，種類繁多。因為是水性塗料，下手太重時還可以輕鬆用棉花棒沾水擦掉。建議給舊化初學者使用！

**◀ 郡氏舊化塗料**
以油畫顏料為底的舊化用塗料。原本是開發用於AFV模型。使用方式原則上就是漬洗，也就是用溶劑稀釋，然後塗在模型表面上重現髒汙。不像油性漆溶劑般容易讓模型破裂，鋼彈模型成型色可以這麼輕鬆展現舊化效果，郡氏舊化塗料功不可沒。本書中的舊化處理範例幾乎全都有用到郡氏舊化塗料，可說是舊化處理的必備塗料。

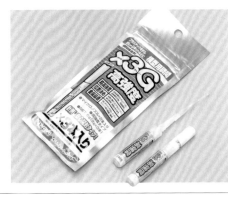

**◀ 高強度型瞬間接著劑**
用來黏合容易脫落的零件，或合成時用來黏合ABS和塑膠等不同材質的零件。黏度較低較易流動的瞬間接著劑，可能不小心流入關節內部，或滲透力太強讓零件破損，甚至沿著刻線流動而把手黏在零件上，所以如果要挑戰本書介紹的技巧，建議使用高強度型接著劑比較安全。管嘴很容易堵塞，可以買單獨出售的管嘴勤加更換。

**▶ 苯乙烯用膠水**
用來黏合容易脫落或合成時的零件。如果要黏合鋼彈模型外裝的苯乙烯樹脂和KPS樹脂，與其使用瞬間接著劑，使用苯乙烯用膠水更容易熔接，可確實黏合固定並確保強度。分成流動型和濃稠型，各有優點特色，請視需要使用。

活用成型色簡單精修，
成為進階模型！

# MG薩克·加農×沙漠舊化技巧

BANDAI SPIRITS 1/100 scale plastic kit
"Master Grade"
MS-06K ZAKU CANNON
modeled&describd by Teppei HAYASHI

第一架處理範例是MG薩克·加農。噴上消光保護漆後，再用郡氏舊化塗料漬洗，用油性塗料進行線條漬洗和掉漆處理，想定在沙漠作戰時的舊化塗裝。

## 01 基本工作～漬洗（Wash）

▲透明零件碰到消光透明漆會變白且霧霧的。很多零件很小容易弄丟，所以先連澆道一起剪下，漬洗完成後再剪取零件進行組裝。

▲MG Ver. 2.0的一年戰爭系列MS可以把手指一根一根剪開，如此每根手指都變成獨立可動，擺姿勢時可以讓指尖呈現出不一樣的感覺。把手放在切割墊上用筆刀切割，即可完美分離手指。

▲透明貼紙通常周圍有許多留白，直接貼上的話漬洗時塗料會流入留白部分，導致貼紙浮起，所以貼透明貼紙時請用筆刀沿著圖案邊緣切割下來，盡量不要留白。

▲吉翁徽章上原本搭配有大大的英文字「ZEON」，但和MSV氛圍不合，所以我省略不貼。鋼彈的水轉印貼紙和透明貼紙有時也可以只使用自己喜歡的部分，不一定要全部使用。

▲用貓爪塗裝夾具確實固定住股間，用郡氏消光透明漆均勻噴灑全身。噴灑時盡量讓手腳伸展到極限，讓保護漆能深入內部。

▲用郡氏舊化塗料進行漬洗。混合多種顏色，可以讓成品色澤更為深邃。本次要呈現出沙漠地帶的地上髒汙，所以我用灰褐色（Grayish Brown）和紅棕鏽色（Stain Brown）以3：7的比例混色。

▲混色後的塗料再用舊化塗料專用溶劑稀釋後，用平筆均勻塗上全面。塗料流入關節縫隙等可能造成零件損壞，或是使用噴漆罐噴灑時流出弄髒表面，所以請注意不要塗太多塗料。

▲完全乾燥前用乾棉花棒擦拭。想像雨淋和風吹的痕跡輕輕留下直條痕跡，就可以得到更逼真的效果。另外郡氏舊化塗料一旦乾燥後，即使用溶劑擦也不易脫落，所以要趁還沒全乾前擦拭。

**column1**

### 要節省作業時間，可用吹風機強制乾燥！

郡氏舊化塗料主要成分是顏料，要花一段時間才能乾燥。如果不想等，就用吹風機強制乾燥進行後續處理吧。不過注意不要吹太熱、太久以免零件融化！

## 02 線條漬洗（Pin Wash）

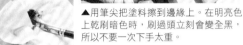

▲降低色調的漬洗塗料可能無法照顧到細節，或是缺乏陰影的立體感。此時就要靠線條漬洗了。在想強調的細節、刻線等細部塗上郡氏舊化塗料的原野棕色（Ground Brown）吧。塗太粗時不用太在意，也可以用乾棉花棒擦拭，順道帶出垂直線條。

◀線條漬洗過的狀態。全身漬洗後模型上好像披上一層略顯單調的漬洗濾網，在這層濾網上加入深色，可以更為突顯立體感。線條漬洗不需要全身均勻漬洗，只要在角落和刻線交叉處等細節集中的部分漬洗即可，這樣效果更好。

▶舊化處理不可或缺的掉漆處理。——用筆畫很辛苦，不如就用乾刷輕鬆重現吧。混合田宮油性漆的消光黑色（Flat Black）加上消光艦底紅色（Hull Red），調出偏暗的紅土色（Red Primer）。

▶用平筆筆尖沾取少許塗料，在紙巾上擦拭調整塗料分量，最好是擦拭到紙上幾乎沒有顏色為止。如果筆尖上剩下太多塗料，乾刷時可能留下筆毛刷痕，或零件一下子就變全黑等，不會有好事。

▲用筆尖把塗料擦到邊緣上。在明亮色上乾刷暗色時，刷過頭立刻會變全黑，所以不要一次下手太重。

## 03 掉漆處理

▲不用筆而用海綿，可以讓掉漆更為自然。作法和用筆乾刷一樣，拿撕下來的海綿沾取紅土色，在紙巾上擦拭調整塗料分量。

▶在邊緣和突起部位上輕輕拍打，以塗上塗料。訣竅就是下手愈輕愈好。用力拍打的話塗料會太多，反而不自然。

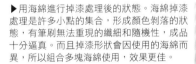

▶用海綿進行掉漆處理後的狀態。海綿掉漆處理是許多小點的集合，形成顏色剝落的狀態，有筆刷無法重現的纖細和隨機性，成品十分逼真。而且掉漆形狀會因使用的海綿而異，所以組合多塊海綿使用，效果更佳。

▲平面和裝甲縫隙等難用乾刷或海綿進行掉漆處理的部位，就用鋼彈擬真麥克筆來畫吧。使用擬真灰色2，以戳點的方式畫上許多小點點，模擬掉漆的樣子。

▲用擬真麥克筆進行掉漆處理後的狀態。雖說用擬真麥克筆進行掉漆處理比用筆輕鬆，但還是比乾刷和海綿時間，所以適合用在重點補強。

▲全身進行三種掉漆處理後的狀態。每種掉漆處理方式都很有效，全部併用可創造出不整齊、非人為的掉漆形狀，成品看起來更為「自然」。

## 04 泥沙附著（Groundwork）

▲在腳部進行泥沙、髒汙附著處理。先用平筆輕敲，把灰褐色的郡氏舊化塗料塗上腳部。

▲塗料完全乾燥前用紙巾輕敲表面，把塗料渲染開來。一般的紙巾也可以，用工業用紙巾更不易起毛，效果更好。

▲等灰褐色乾燥後，再用田宮舊化粉彩盒A中的淺沙色（Light Sand）和泥汙色（Mud），以8：2的比例用刷頭刷上。用多色可以避免成品色過於單調。

▲泥沙附著完成狀態。組合使用膏狀的郡氏舊化塗料，和粉末狀的田宮舊化粉彩，可輕鬆簡單重現真實的泥土髒汙。

▲全身輕輕擦上淺沙色和泥汙色，表現出機身上好像沾上灰塵的粉霧狀。沾太多會掩蓋住精心掉漆處理的成果，所以沾太多時就用沾水棉花棒擦掉粉彩吧。

▲接著用田宮舊化粉彩盒B中的煤煙色（Soot），弄髒巨炮等槍炮的炮口。先用海綿頭擦上粉彩，再用刷頭模糊界線，就可做出逼真的效果。

▲用鉛筆擦塗在掉漆處理後的邊緣，可以呈現出裝甲塗層剝落，底部金屬裸露的樣子，強調出無與倫比的重量感。用一般的鉛筆也可以，但買一枝全為筆芯的石墨鉛筆，更方便進行舊化處理。

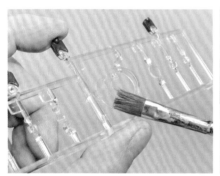

▲未經處理的透明零件太過漂亮，和舊化處理後的機身不搭，所以用郡氏舊化塗料的灰褐色一筆帶過，讓它適度變霧。

▲獨眼用鋼彈麥克筆塗裝。用鋼彈螢光粉色塗裝全體後，塗料全乾前再用鋼彈新白色在中心畫實心圓，交界處則以螢光粉色的筆尖渲染開來，即可輕鬆重現會發光的獨眼。

### 多重透明鍍膜法

　　舊化用的塗料種類繁多，不過大多是油性塗料或油畫顏料，都是用溶劑去溶化塗料，所以就會發生好不容易利用漬洗賦予風情，透過掉漆處理做出逼真感，結果塗上舊化塗料的那一瞬間，全都溶解消失了等等慘事。此時為了保護已經做好的舊化處理，就再噴一次郡氏消光透明漆吧。用可做出強力塗膜的硝基塗料形成一層膜，就可以避免溶化，做出多重結構的舊化處理。本次的薩克．加農在線條漬洗前和泥沙附著前，都有噴上郡氏消光透明漆保護表面。

## 完成

▲▶因為進行漬洗、掉漆等各種舊化處理，得以做出不像是成型色，有厚度的色彩質感。

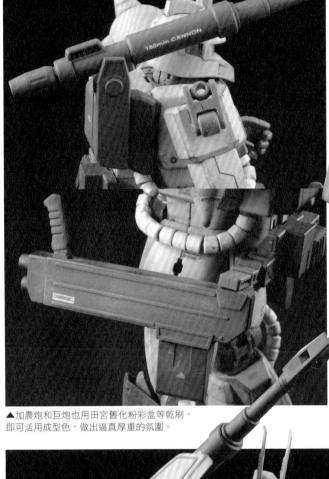

▲加農炮和巨炮也用田宮舊化粉彩盒等乾刷，即可活用成型色，做出逼真厚重的氛圍。

◀腳部周邊是最容易弄髒的部位。細心地用郡氏舊化塗料和田宮舊化粉彩盒進行舊化處理。

　　沾染到薄薄一層灰而略顯暗沉、雙腳踩下時好像捲起了沙塵、塗裝剝落裸露出底色的角落……，日常生活中我們其實很熟悉「地上髒汙」，像是用久的卡車等比比皆是。沙漠舊化處理雖說是以沙漠戰為形象，其實可以直接活用日常常見的髒汙，即使是第一次進行舊化處理的人也能輕鬆完成。ＭＧ薩克・加農因為1／144或1／100 MSV系列的盒繪，被我選為適合沙漠舊化處理的MS教材，不過這種技巧也可應用在德姆或陸戰型吉姆等各種陸戰型MS模型上。請務必挑戰看看！

活用成型色簡單精修，
成為進階模型！

# MG量產型茲寇克×水垢舊化技巧

BANDAI SPIRITS 1/100 scale plastic kit
"Maste Grade"
MSM-07 Z'GOCK
modeled&described by Teppei HAYASHI

　想像MG量產型茲寇克在水中作戰，進行舊化塗裝。水中髒汙和一般的沙漠或泥沙髒汙不同，潮水侵蝕或鏽蝕等條痕手法更形重要。讓我們活用各種舊化處理手法，表現水中髒汙吧！

## 01 部分塗裝

▲把頭部的導彈部分染紅，作為範例的重點裝飾吧。不過如果連獨眼保護罩內部都變成紅色，看起來就不夠美觀，所以用保護膠帶包起來以保護成型色。這個零件大部分都會被隱藏在外裝下，所以像這樣簡單包起來即可。

▲在黑的成型色上直接塗裝紅色，紅的也不夠鮮豔。所以先噴上郡氏液態補土1500系列白色打底。

▲噴上郡氏噴漆罐 Mr.COLOR Spray 的紅色，撕除保護貼紙，再把外裝裝回去，即完成導彈著色。以藍色為主的寒色系機身加入一抹紅，有畫龍點睛的效果。本次為了讓大家易於了解，選擇使用紅色，當然也可以塗成橘色，展現葛克或茲寇克E風貌。

## 02 清洗

▲真正的潛水艇或船艦等浸水部分一旦浮出水面乾燥後，會因海水蒸發，內含的鹽分和礦物質凝固留下偏白的痕跡。最適合用來表現這種狀態的塗料，就是郡氏舊化塗料的白色（Multi White）。用平筆沾取塗料，用輕敲的方式塗在全體上。

▲用紙巾擦去過多的舊化塗料。擦拭時不要像一般漬洗時由上而下擦，留下線條，而是好像要留下白霧感，隨意地用紙巾多敲幾次，擦去過多的塗料，這樣看來更逼真。

▲郡氏舊化塗料主要成分是油畫顏料，所以要花一段時間才能乾燥。用吹風機的冷風強制乾燥吧。

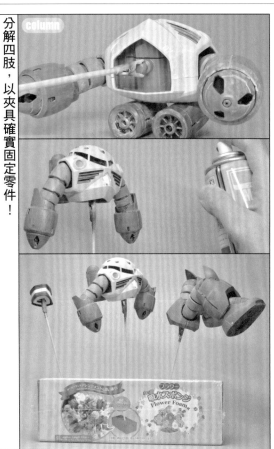

column

**分解四肢，以夾具確實固定零件！**

ＭＧ量產型茲寇克沒有可動裝飾配件，因此如圖分解後，用塗裝夾具確實固定住型件。確實搖晃噴漆罐將塗料攪拌均勻後，在距離零件20～30cm的位置，朝全身噴上郡氏消光透明漆。未完全乾燥前，小心不要讓零件互相碰撞，以免塗膜剝落。

消光塗裝後的茲寇克用園藝用的棉花棒等插好固定住，確實乾燥。

隙等。確實晃噴漆罐將塗料攪拌均勻後。

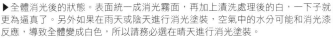

▶全體消光後的狀態。表面統一成消光霧面，再加上漬洗處理後的白，一下子就更為逼真了。另外如果在雨天或陰天進行消光塗裝，空氣中的水分可能和消光漆反應，導致全體變成白色，所以請務必選在晴天進行消光塗裝。

## 03 條痕處理（Streaking）

▲潛水艇等長期泡在海水中的船艦，凹槽處會累積水垢，殘留混濁的紅褐色帶狀髒汙。要重現這種狀態，就用郡氏舊化塗料的紅棕鏽色和原野棕色二種顏色，隨機塗在刻線或細節部分上。

▲重現水垢、鏽漬流下的狀態。用面相筆沾飽稀釋的舊化塗料，畫下流下的線條後，下方的線條再用乾棉花棒擦開渲染。然後在下垂部位的中心，也就是鏽蝕最嚴重、最髒的部分再次點上舊化塗料，就會更逼真。

▲風道內側用原野棕色徹底漬洗成深色調。原本水流強的風扇處就容易髒，這個部位如果很乾淨，反而讓人覺得不可思議，不夠逼真。MS的舊化處理與其「考證應該變成這樣」，不如重視「好像是真正的武器會有的氛圍」，更能做出帥氣的舊化塗裝。

▲重現水垢和鏽漬掉落的狀態。乍看之下好像很難，其實胴體周圍的作業時間只花了15分鐘左右。只要習慣使用舊化塗料，一下子就可以完成。初學者很容易下手太重處理過頭，所以在「好像還有一點不夠耶」的狀態下停手，就可以做出適度的舊化塗裝。

▲關節縫隙也要進行水垢處理。這個部位的成型色較深，就直接用筆沾取舊化塗料，不用紙巾擦拭，沾取後直接塗上，大膽下筆更能做出逼真感。

## 04 泥汙

▲因為是水陸兩用型MS茲寇克，可以想像就算腳上沾了泥沙，下水後泥沙也會被水沖開。不過不進行任何處理，讓腳部維持模型光滑的狀態，看起來也很奇怪。所以就運用前面水垢處理的技巧加以變化，在鞋底進行「看起來也像泥汙的水垢表現」處理，做出類似的氣氛吧。方法很簡單，只要用原野棕色塗在鞋底上，再用指尖渲染開來即可。用手指渲染時要小心別留下指紋。

◀舊化處理過後的雙腳周邊。雖然可能缺乏考證過的真實感，但站在「鋼彈模型酷帥舊化處理」的角度來看，這樣的效果更好。進行MS舊化處理時，注重「如何耍得酷帥」，更容易做出美觀的作品。

## 05 爪釘

▶全身都進行消光塗裝處理後，因為帶空氣感顯得很逼真，但卻容易變得不起眼。所以用金屬色塗裝比較可以自由塗裝的爪釘，做出光澤閃耀的對比效果吧。塗上銀色之前，先塗上光澤黑為底色，更能提高光線反射率，增加金屬質感，做出完美成品。

  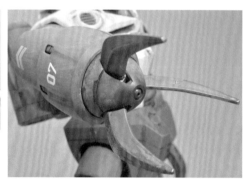

▲光束炮附近就用田宮舊化粉彩盒的青燒色（Burnt Blue）、紅燒色（Burnt Red）、煤煙色，依序朝中心擦拭，表現出光束燒熱裝甲，炮口周邊受熱而呈現煙燻狀態。

▲直接使用金屬色太過閃耀，有損真實性，所以用田宮舊化塗料的黑色充分漬洗，以抑制光澤。

◀完成的爪釘四周。整體看來很軟弱的茲寇克，只有爪釘看來較有攻擊性。經過仔細的舊化處理後，很自然地做出歷經無數戰事後的滄桑感。

## 06 獨眼

▶用鋼彈麥克筆的鋼彈粉紅色厚厚地塗在獨眼上，在塗料開始乾燥前，立刻用鋼彈麥克筆鋼彈新白色抵住獨眼中心，擠出白色塗料，用麥克筆尖描白色和粉紅色的交界處，就可以做出獨眼輕柔亮起時的自然光暈感。這個塗裝手法很簡單，但要花很長的時間乾燥，所以塗好後最好等上半天，再把獨眼裝回本體。

## 完成！

## 07 乾刷

▼▶最後輕輕乾刷邊緣部分強調立體感吧。用平筆筆尖沾取少量田宮油性漆的消光皮革色（Buff），用紙巾擦拭調整分量。用筆尖將塗料輕輕擦上邊緣部分，好像要疊上少量殘餘的塗料，以強調凸起部位。不過太用力乾刷會過度強調高光，反而不自然，所以下手一定要輕，感覺到邊緣好像稍微浮起即可。

MSM-07

07

07

受鹽水侵蝕而變白的表面、隨處可見的水垢，以及讓人感受到水流方向的垂直線條和鏽漬，水陸兩用茲寇克參考潛水艇的狀況，再加上真實船艦會出現的髒汙，做出真實感。日本自衛隊和美軍船艦往往都整理得很乾淨，所以這裡參考前共產世界的潛水艇、用舊了的漁船和小艇等的影像和照片，就可以做出生動不單調的酷帥鋼彈模型。茲寇克和葛克等水陸兩用 MS 沒有武器，很單純，零件數又少，容易組裝，是最適合利用週末組裝的模型。上午在水邊玩，下午輕輕鬆鬆組裝模型，這也不是不可能的！請大家務必記住水垢舊化技巧吧。

▼爪釘先塗上黑色打底，再塗上銀色，然後用郡氏舊化塗料黑色（Multi Black）漬洗。

▲頭部導彈塗成紅色，展現範例的獨創性，成為全體的重點裝飾。此外獨眼塗上鋼彈麥克筆鋼彈粉紅色後，再在中心壓上鋼彈麥克筆鋼彈新白色，並用麥克筆筆尖描二色的交界處，做出獨眼輕柔亮起時的自然光暈感。

▶雙腳周邊用郡氏舊化塗料原野棕色表現泥汙。

# MG吉姆·狙擊者特殊型×宇宙舊化技巧

BANDAI SPIRITS 1/100 scale plastic kit
"Maste Grade"
RGM-79SC GM SNIPER CUSTOM
modeled by Teppei HAYASHI

繼沙漠、水中後，接著就來嘗試表現出宇宙空間的髒汙吧！我用MG吉姆·狙擊者特殊型為範例。沙漠或水中等情景有豐富的情境參考資料，但宇宙卻只有太空梭或太空航站等非戰鬥兵器的實物可供參考，實在讓人傷腦筋。在此以鋼彈模型盒繪為參考，以舊化技巧和局部塗裝，重現想像中的宇宙戰鬥後的褪色情形。

活用成型色簡單精修，成為進階模型！

## 01 用白色表現褪色→漬洗

▲組裝後用郡氏消光透明漆上一層膜。完全乾燥後開始漬洗。先用白色（Multi White）的郡氏舊化塗料表現褪色。用筆塗上白色，再用紙巾隨機擦去。

▲用白色進行褪色處理完後，再用郡氏消光透明漆上一層膜。

▲其次用原野棕色的郡氏舊化塗料進行漬洗處理。漬洗是一種處理技巧，用稀釋過的塗料降低全身色調，做出老舊和使用很久的感覺。舊化塗料太濃，所以漬洗時要用專用溶劑稀釋3倍左右。

▲用筆塗滿全身。舊化塗料和油畫顏料的溶劑成分相同，乾燥時間長，如果流入縫隙和可動部位就很難乾燥，甚至用噴漆罐進行消光作業時還會流出。所以要小心別讓塗料流入縫隙。

▲等到舊化塗料乾燥後，就進行全身的消光處理。再處理比較安心。另外進行消光塗裝時，請在空氣乾燥的晴天作業，消光成分會和空氣中的水分反應，讓零件變得又白又霧。舊化塗料乾燥很花時間，所以靜置一天高的天氣中作業，因為在雨天等溼度較

## 02 乾刷＆邊緣作業

▲聯邦軍的MS吉姆‧狙擊者特殊型是由直線和直角構成的設計。這種MS很適合用強調邊緣的技巧，也就是乾刷。這是乾刷前的狀態。

▲用平筆筆尖沾取田宮油性漆的消光皮革色，再用紙巾擦拭調整分量，只留下極少量的塗料。如果留下太多塗料，乾刷時就會留下筆刷痕跡，成品色彩會太濃，所以一定要小心。

▲邊緣部分用筆尖擦上塗料。訣竅就是不要想著一次完成，而是邊觀察樣子逐分多次擦上。如果因為留下筆刷痕跡而想重刷時，可以先用棉花棒沾取油性漆溶劑擦拭後再重刷。

▲乾刷後的狀態。邊緣部分的顏色更顯明亮，更形立體。本次是用萬用消光皮革色乾刷全身。也可以配合底色選擇塗料，可以有更逼真的成果。

▲比乾刷更能輕鬆突顯邊緣的技巧，就是用筆刀進行邊緣處理。這裡用肩部裝甲為例說明。

▲豎起筆刀刀刃，好像用刨刀一樣刨邊緣。刨掉消光部分後露出成型色，利用色調差異突顯邊緣。

▲這種技巧和用乾刷強調邊緣的效果不同，區分部位分別運用這兩種技巧，可以讓作品更有變化。

## 03 部分塗裝

▲以田宮油性漆的金屬鈦銀色（Titan Silver）塗頭部護目鏡內部。就算塗超出範圍，裝上外裝後也看不到，所以就快速地塗完吧。

▲塗裝後的狀態。組裝外裝後透明零件下方會透出閃耀光澤，成為吸睛重點。相機眼完成後也很醒目，所以只要花點工夫，利用短短的製作時間就可以做出與眾不同的作品。

▲使讓整體更顯俐落的一個重點，可以試著用郡氏噴漆罐的銀色塗裝推進噴嘴。小零件可以用免洗筷加雙面膠固定，一口氣完成塗裝，讓作業更有效率。

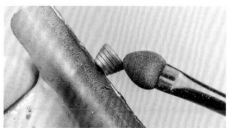

▲擦上田宮舊化粉彩盒D的紅燒色和B的煤煙色，進行舊化處理。單獨使用紅燒色或煤煙色，感覺太突出，組合二色使用更逼真。

▲分色塗裝氣缸是輕鬆提高完成度的重點。插入側用鋼彈麥克筆的鋼彈紅金色塗裝，氣缸則用可做出厚塗膜且不易剝落的硝基塗料郡氏噴漆罐的銀色塗裝。

▲塗膜較厚，氣缸可能無法插入，所以用2.5mm的精密手鑽插入孔內輕輕轉動擴大內部吧。不要太勉強，勉強插入不只塗料可能剝落，甚至可能拔不出來。

## 04 步槍塗裝

▲武器只要改變本體與質感，即可留下更逼真的印象。所以把這個步驟當成是集大成，挑戰更進一步的處理技巧吧。

▲組裝好零件後，先用郡氏噴漆罐的消光黑色塗裝全體。

▲在消光黑色上用銀色乾刷，可以輕鬆重現鈍重光澤的鋼鐵質感。先用鋼彈麥克筆鋼彈銀色的筆尖抵住塗料皿，用力壓出塗料，並用筆尖沾飽塗料。

▲用紙巾調整筆尖塗料分量。銀色是很強烈的顏色，殘留太多塗料一下就會變得銀光閃閃。最好在紙巾上擦到幾乎看不出有顏色為止。

▲把塗料擦到邊緣上。我要再強調一次，乾刷銀色時如果一不小心，瞬間就會變得銀光閃閃。如果真的銀色太多，就再用消光黑塗裝一次，重新來過吧。

▲準星則貼上HIQ PARTS推出的感測器用金屬貼紙，重現望遠鏡瞄準器的鏡頭。

▲完成狀態。有了鋼鐵材質裸露出來的機關槍質感。其他武器也比照辦理吧。

## 05 貼貼紙→融為一體

▲漬洗後再貼貼紙的話，漬洗塗料就無法滲入貼紙和零件之間的縫隙，沒辦法適度舊化。所以貼紙請用紙巾等確實壓合固定。

▲接著用田宮舊化粉彩輕擦貼紙表面，可抑制貼紙的光亮感，也更能和本體融為一體。

## 完成

▲▶最後用海綿稍微加入一些掉漆處理即完成。白色的褪色表現和原野棕色的漬洗巧妙融合。臉部也加入各種巧思讓表情更加豐富。

BANDAI SPIRITS 1/100 scale plastic kit
"Master Grade"

**RGM-79SC**
**吉姆‧狙擊者特殊型**
製作、撰文／**林哲平**

ＭＧ吉姆‧狙擊者特殊型×宇宙舊化技巧

▲小腿和書包型推進箱漬洗後，再用田宮舊化粉彩盒Ｄ的紅燒色和Ｂ的煤煙色，做出被火燒過的痕跡

　　MS活躍於宇宙空間，但我們周圍卻缺乏能直接感受到宇宙的道具。即使真的採用太空梭或火箭的髒汙，看起來也不夠醒目，這是現實問題。所以想像宇宙空間中的舊化情形時，我只得參考鋼彈模型的盒繪，沒有什麼比專業插畫師的「假設真有實物的活躍想像圖」更具說服力！與其太過講究真實感，還不如以做出帥氣外觀為前提，反而更能順利舊化。處理這架吉姆・狙擊者時，我故意不用最新技巧，只專注使用鋼彈模型傳統簡單的漬洗及乾刷技巧，所以幾乎不太花工夫製作。這種基本的舊化技巧連初學者也容易模仿上手，所以請務必挑戰看看！

活用成型色簡單精修，
成為進階模型！

# MG量產型傑爾古格Ver. 2.0 ✕ 戰損

BANDAI SPIRITS 1/100 scale plastic kit
"Maste Grade"
MS-14A GELGOOG Ver.2.0
modeled&described by Teppei HAYASHI

利用斜口鉗、烙鐵和電動工具，
對重現內部骨架及外裝骨架結構的
MG 量產型傑爾古格，添加華麗的
戰損痕跡，想像阿·巴瓦·庫激戰
後的機體。

## 01 戰損

▲MG 傑爾古格 Ver. 2.0 是所有 2.0 系列中骨架完成度最高的超級模型。拆下部分外裝即可看到內部骨架，就活用這種結構進行戰損處理吧。突現出補給零件不足，必須在不完全的狀態下出戰的吉翁軍隊面臨的嚴重物資不足窘境，光看就能讓人聯想到充滿悲壯感的阿·巴瓦·庫激戰。

▲側裙甲也一樣是多重結構。這個部分不要整個拆下外裝零件，而是切割下一部分表示損壞，稍微露出內部骨架。要切割的是畫紅色的部分。

▲先用斜口鉗大致切割出形狀。建議使用刀刃已經受損的薄刃斜口鉗作為破壞用斜口鉗。斜口鉗刀刃太厚，會給零件太大壓力，零件常因此破損。

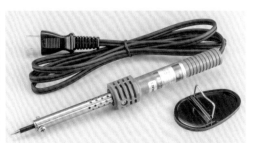

▲斜口鉗切割出大致形狀後，就用筆刀修整出「像被炸彈炸到的痕跡」。

▲裝回機體即可。內部骨架的細節很美，這種處理手法可以同時呈現出戰損，以及因密度感提高更形精緻的細節，可謂是一箭雙鵰。請務必挑戰看看。

▲聯邦軍 MS 以光束兵器為主。烙鐵最適合用來重現這種彈痕。烙鐵可以在大型家居材料工具店取得，照片中的烙鐵只要 650～700 日圓左右。

▲一開始就朝本體下手，萬一失手就要付出慘痛的代價，所以先拿護盾練習吧。阿・巴瓦・庫激戰中護盾三不五時就會被光束軍刀砍到。這種痕跡也可以輕鬆用烙鐵重現。一邊想像「如果我是吉姆會怎麼砍」「如果我是傑爾古格要怎麼防守」，作業應該很快樂。

▲就算好不容易在肉搏戰中存活，也還是會被頭部火神炮追擊吧。這種彈痕最好用精密手鑽的尖端向下壓出圓形痕跡，橫向做出一排一樣的痕跡。

▲吉翁軍處於守勢，所以護盾也可能被打破，一片變二片吧。破裂的護盾是勇者的徽章。像迎擊三連星德姆的鋼彈一樣，大膽地用斜口鉗剪成二塊吧。

▲戰損處理後的護盾。護盾再怎麼破爛都無妨，最糟的狀況就當成是在戰事中完全被破壞了，不讓傑爾古格拿著而已。所以在對本體進行處理前，就用護盾充分練習吧。

▲胸口的十字傷痕，傷口內部隱約可見內部機械結構……這是各式各樣的機器人損傷處理中，最帥氣的表現了。如果是模型胸部內有值得露出的細節，就用這種手法吧，絕對有利無害。

▲比火神炮更大的實彈彈痕，最適合用電動工具來呈現。如果只是要用來呈現鋼彈模型的戰損，不用買到 1 萬日圓以上的高價位工具。2000 日圓左右附鑽頭的電池式工具就很夠用了。

▲飄浮著碎石塊和殘骸的阿・巴瓦・庫，很難避免撞上許多小碎片等。撞上宇宙灰塵而凹陷的痕跡，就用電動工具輕壓表面做出來。

▲用電動工具製造出來的凹痕附近會出現小小的塑膠碎屑。用鋼刷把這些碎屑磨掉。

◀有宇宙灰塵撞擊痕跡的狀態。鋼刷造成的小傷痕，漬洗過後會形成恰到好處的表面粗糙感。進行損傷處理時運用不同種類的傷痕，可以昇華成更有深度的作品。

▶戰損處理後的狀態。損傷處理的訣竅就是「不要做過頭」。損傷處理得很順利時，會愈做愈快樂，然後不小心就處理過頭，讓機體變得破破爛爛的。最好做到「好像有點低調？」的程度即可。

## 02 漬洗

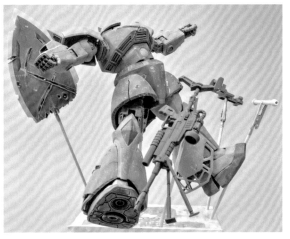

▲噴消光漆之前，先全面塗上郡氏舊化塗料的白色，並用紙巾輕輕敲打拭去多餘的塗料，讓表面成為略顯白的狀態。這樣就可以重現表面有點褪色的狀態。

▲全身噴上特級消光保護漆，進行消光處理，並讓白色塗料固著。噴漆罐使用前要充分搖晃，讓塗料攪拌均勻。

▲把固定模型的塗裝夾具，插在百圓商店買來的插花用海綿上，讓模型乾燥。噴消光漆請選在空氣乾燥的晴天進行。溼度太高的日子噴消光漆，消光成分會和空氣中的水分反應，導致零件變白。

▲消光後的狀態。白色上方噴上一層消光透明漆，可以避免之後再用同系列的舊化塗料漬洗時，塗料混合溶出。

▲用1：1的比例混合郡氏塗料的黑色和紅棕鏽色，用專用溶劑稀釋後塗上全身進行漬洗處理。整體色調降低，一下子就變得穩重了。漬洗時只處理外裝，因為流入關節的話會破裂。

▲在刻線和細節部位，用暗棕色的田宮墨線液進行線條漬洗處理。不需要上得很均勻。超出範圍的塗料就用手指擦拭渲染開來吧。

▲用海綿沾取德國灰色（German Gray）的田宮水性漆進行掉漆處理。本次製作的是戰損模型，以邊緣部分為中心稍微大膽地處理吧。

▲要表現鋼彈模型的損傷，就不能忘記點剝落塗裝手法。雖然很多人會因為「不夠逼真」「公式化的美」而對這種手法敬而遠之，不過用得好也能發揮完美的效果。把顆粒較細的鋼彈麥克筆銀色塗料擠在塗料皿上，一點點地點在邊緣等部位上。

# 完成！

▼完成狀態。這種點剝落技巧和用來重現零戰等日本戰機纖細的銀色剝落技巧相同。下手太重會變得很死板，只要一點點「亮亮的」金屬色，就有很大的吸睛效果。

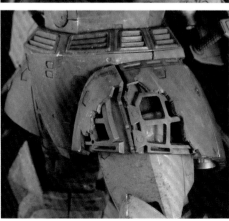

▲最後再用海綿追加一點點的掉漆處理即完成。白色的褪色表現和原野棕色的漬洗巧妙融合。表面也增加許多風化樣貌，表情豐富。

BANDAI SPIRITS 1/100 scale plastic kit
"Master Grade"

# MS-14A 量產型傑爾古格 Ver.2.0

製作、撰文／**林哲平**

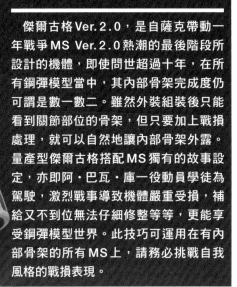

傑爾古格Ver.2.0，是自薩克帶動一年戰爭MS Ver.2.0熱潮的最後階段所設計的機體，即使問世超過十年，在所有鋼彈模型當中，其內部骨架完成度仍可謂是數一數二。雖然外裝組裝後只能看到關節部位的骨架，但只要加上戰損處理，就可以自然地讓內部骨架外露。量產型傑爾古格搭配MS獨有的故事設定，亦即阿·巴瓦·庫一役動員學徒為駕駛，激烈戰事導致機體嚴重受損，補給又不到位無法仔細修整等等，更能享受鋼彈模型世界。此技巧可運用在有內部骨架的所有MS上，請務必挑戰自我風格的戰損表現。

▲護盾是用來保護本體的道具，當然受損更為嚴重。這裡使用斜口鉗、烙鐵、精密手鑽等大膽地留下破壞痕跡。

◀腳部外裝把骨架結構活用到極限。拆下部分外裝，呈現在激烈戰鬥中外裝被彈飛的樣子。

# MG RX-78-2 鋼彈 Ver.2.0 X 骨架模型

MG 等級是可以享受在骨架上組裝外裝，有如建構真實機構的系列。在此只用 MG 鋼彈 Ver. 2.0 的骨架，不裝上外裝，完成骨架模型。

活用成型色簡單精修，成為進階模型！

BANDAI SPIRITS 1/100 scale plastic kit
"Maste Grade"
RX-78-2 GUNDAM Ver.2.0
modeled&described by Teppei HAYASHI

## 01 噴漆罐塗裝

▲內部骨架組裝好後，用郡氏噴漆罐消光黑色噴灑全身。骨架因為細節很多，很容易塗漏了，所以請用枱燈確實照光檢查是否已均勻噴上塗料。

▲骨架如果直接塗裝，塗料無法深入關節可動部位等的內側。所以把關節彎折到極限，再用噴漆罐噴一次塗料。然後就算是夏天，也要至少等1小時乾燥後，再把關節恢復原狀。

## 02 乾刷

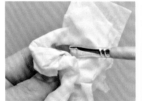

▲用乾刷手法突顯全身細節吧。把鋼彈麥克筆的鋼彈銀色塗料擠在塗料皿上。麥克筆的銀色粒子很細，最適合用來乾刷。

▲用筆尖沾取塗料，再用紙巾調整塗料分量。銀色的遮蔽力強，如果不調整到紙巾上幾乎看不出顏色的程度，零件馬上就會銀光閃閃，一定要小心。

▲用筆尖輕撫邊緣和細節部位以塗上塗料。用擦的話可能會塗上太多塗料，所以下手一定要輕。這種手法很難把塗料塗上去，但相對也比較好調整，所以不要急，慢慢上色吧。

▲組裝起來確認均衡度。乾刷會因為筆上殘留的塗料量不同，導致表面風格不同，所以不習慣這項作業的人，刷出來的每個零件可能都不一樣。組裝起來就可以確認有沒有塗料濃淡極端不同的部分，所以一定要組裝起來確認看看。

## 03 部分塗裝

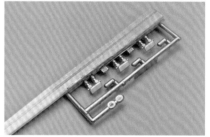

▲接著塗裝細節部分，用的是金屬色調效果迷人的 4 Artist 麥克筆。一樣是把麥克筆的塗料擠到塗料皿上，這種塗料乾得比較快，所以一次擠一點點，不夠再擠就好。

▲先拆下獨立零件的氣缸等，用燕尾夾夾好進行塗裝，就可順暢作業。

▲為確保胸部安定翼的銳利感，塗裝時不用麥克筆，而用金色的噴漆罐。在尚未自澆道剪下的狀態下塗裝，作業更有效率。

## 04 製作台座

▲為了讓骨架模型看來更為帥氣，來製作一塊車展風的鏡面展示台吧。先準備一塊木製蝶古巴特台座。

▲如果一眼就看得出是木製台座，這樣不夠美觀，所以用木材用水性著色劑 Pore Stain 塗滿整塊台座。這種著色劑很快乾，最適合用來快速上色。

▲做成鏡面展示台，讓展示台看來更時髦吧。這裡用的是 Hobby Base 的底面鏡。

▲用尺和筆刀切割成適當大小。然後用雙面膠貼在台座上，即完成鏡面展示台。買現成的展示台很貴，而且還要花時間去找合適的尺寸。自己做很簡單，請務必挑戰看看。

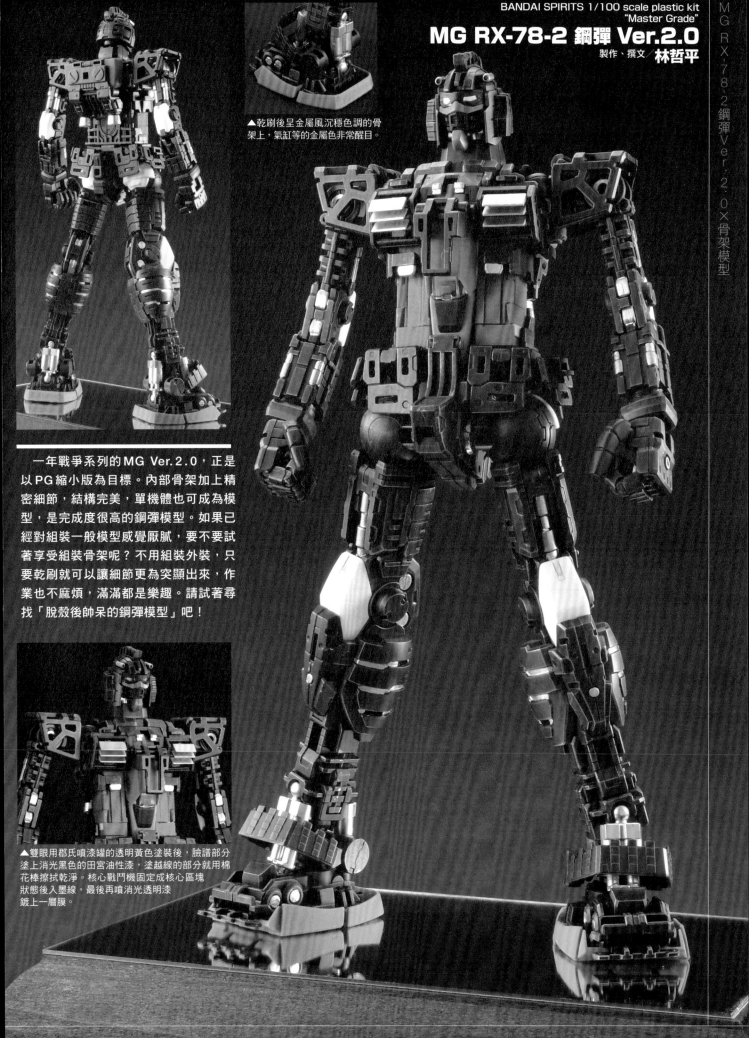

# MG RX-78-2 鋼彈 Ver.2.0

製作、撰文／林哲平

▲乾刷後呈金屬風沉穩色調的骨架上，氣缸等的金屬色非常醒目。

　一年戰爭系列的MG Ver.2.0，正是以PG縮小版為目標。內部骨架加上精密細節，結構完美，單機體也可成為模型，是完成度很高的鋼彈模型。如果已經對組裝一般模型感覺厭膩，要不要試著享受組裝骨架呢？不用組裝外裝，只要乾刷就可以讓細節更為突顯出來，作業也不麻煩，滿滿都是樂趣。請試著尋找「脫殼後帥呆的鋼彈模型」吧！

▲雙眼用郡氏噴漆罐的透明黃色塗裝後，臉譜部分塗上消光黑色的田宮油性漆，塗越線的部分就用棉花棒擦拭乾淨。核心戰鬥機固定成核心區塊狀態後入墨線，最後再噴消光透明漆鍍上一層膜。

活用成型色簡單精修，
成為進階模型！

# MG薩克Ⅱ Ver.2.0 ╳ 溼地

BANDAI SPIRITS 1/100 scale plastic kit
"Master Grade"
MS-06J ZAKU II Ver.2.0
modeled&described by Teppei HAYASHI

量產型薩克ⅡJ型活躍於地球各個戰場。因應沙漠、市區或是叢林等戰場，應該也都會配合需求改裝吧！這裡用薩克ⅡVer.2.0加上迷彩塗裝與溼地舊化技巧，展現在溼地作戰的形象。

## 01 迷彩塗裝

▲最適合筆塗迷彩的塗料就是Citadel模型漆，水性且無怪味。遮蔽力強又快乾，最適合快速塗裝使用。用塑膠板等為調色盤，用筆尖沾取塗料放在調色盤上，滴上幾滴水稀釋後使用吧。

▲用Citadel塗色筆底色中筆刷描繪出迷彩的輪廓。Citadel模型漆很快乾，所以要勤於水洗筆毛。筆尖硬掉時就用筆尖沾取HOBBY COLOR水性漆用溶劑，溶化乾硬的塗料。在要塗滿的迷彩圖案內側畫上斜線，以便區分迷彩內外側。

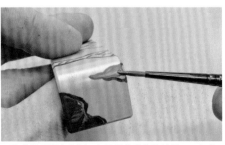

▲塗滿迷彩圖案內側。如果用較濃的塗料想一口氣塗滿，反而會出現筆刷痕跡，所以用水稀釋塗料後慢慢地邊塗邊讓塗料乾燥吧。

▲迷彩塗裝只用一色，看來很單調，所以再塗上第2種顏色，製造出三色迷彩吧。加入第2種顏色後立刻更為逼真了。

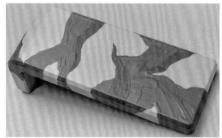

▲迷彩塗裝的完成狀態。護盾是平面的，而且面積大，最適合練習迷彩塗裝技巧。利用護盾掌握迷彩圖案的感覺，就可以著手進行本體的迷彩塗裝了。

▲本體的迷彩塗裝原則上做法和護盾一樣，都是要一手拿著零件，一手描繪，所以萬一手拿的部分尚未完全乾燥，就會留下指紋，所以作業時也要一邊作業一邊乾燥。

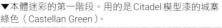

▼本體迷彩的第一階段。用的是 Citadel 模型漆的城寨綠色（Castellan Green）。

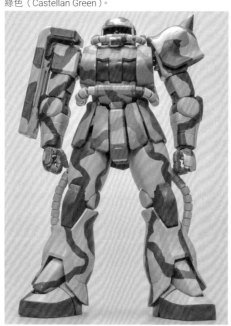

▼本體迷彩的第二階段。用的是 Citadel 模型漆的樹精皮色（Dryad Bark）。

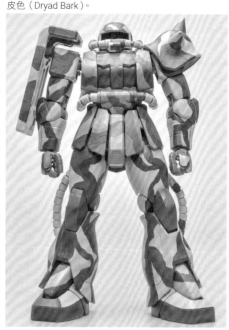

◀迷彩塗裝、泥汙處理後，整體看來略顯死板。導彈前端用 Citadel 模型漆的莫菲斯頓紅色（Mephiston Red）塗裝，為整體加上重點，作品更顯華麗。

## 02 漬洗

▲迷彩塗裝完成後就噴上特級消光保護漆，去除全體光澤。把護盾和尖刺裝甲部位全部打開，即可讓保護漆深入內部。然後再進行舊化處理，就會更為自然。

▲以 1：1 的比例，混合郡氏舊化塗料的黑色和紅棕鏽色，用專用溶劑稀釋後塗上全身，進行漬洗處理。塗料流入可動部會滲入塑膠內，導致關節破損，一定要小心。

▲用深棕色塗料漬洗，降低色調前，先全體塗上白色的郡氏舊化塗料，然後用紙巾擦拭。

▲這是全身塗上白色後的狀態。加入白色可以表現出日曬後塗料褪色的樣子，有沒有這一層白色就會影響舊化處理的深度。乾燥後再次噴上特級消光保護漆，以保護白色層。

▲刻線及細節部分，則用筆讓深棕色的田宮墨線液流入，突顯出陰影。不需要擦掉。塗料塗太多時就用指尖渲染開來，就可以得到逼真的舊化處理效果。

## 03 掉漆處理

▲用海綿進行掉漆處理。用海綿沾取 HOBBY COLOR 水性漆燒鐵色，在紙巾上輕敲調整塗料分量，去除多餘的塗料。

▲用海綿輕拍邊緣部分塗上塗料，進行掉漆處理。

▲掉漆處理後的狀態。塗料太多就不是掉漆處理，而是整面變黑，所以下手要輕，一點一點地塗上塗料。

▲最適合用來重現泥汙效果的塗料，就是GSI郡氏的擬真風化舊化膏。用平筆沾取擬真風化舊化膏棕土色（Mud Brown）後塗上。

▲泥土一定會塞住腳踝縫隙，不過實際進行舊化處理時，舊化膏很難進入這個部位，所以一定要留意在腳踝縫隙塗上舊化膏。

▲關節部位的縫隙等機械可動部位，也是實際重機等容易被泥土塞住的部分。所以也不要忘記在這個部分塗上舊化膏。

▲單色泥土會讓人覺得太過單調。所以在小腿肚上方容易乾燥的部位，隨機再塗上比棕色泥土更亮的紅土色，為泥汙增加深邃感。

▲擬真風化舊化膏是快乾的水性塗料，不想再更快速作業時，就用吹風機強制乾燥吧。

▲用筆沾上的舊化膏和底色的界線有時會太明顯，顯得不自然。所以乾燥後就用牙籤摩擦界線，讓界線變得模糊，成品更逼真。

▲為了重現潮溼的泥土，再塗上擬真風化舊化膏的透明水漬色（Wet Clear）。乾燥不完全會容易留下指紋，得視氣溫調整乾燥時間，至少乾燥8小時左右。

▲腳部導彈若是也沾上泥汙實在很難看，所以等雙腳完成泥汙處理後再裝上。導彈舊化時不用像本體一樣徹底。照道理說，腳部導彈和雙腳一起陷入泥沙，應該一樣髒才對，可是在模型的世界，與其追求「現實」不如彰顯「髒得帥氣」，加上一些虛構效果會更好。所以舊化時至少留下導彈的紅色吧。

## 04 舊化粉彩處理

◀上半身的泥汙部分就用田宮舊化粉彩盒的泥汙色，用隨附的海綿棒上的刷子刷上塗料，並配合下半身的泥汙調整髒汙狀態。

▲武器進行消光處理，和本體一樣塗上郡氏舊化塗料後，全體擦上舊化粉彩盒的紅燒色，做出金屬感更為逼真。槍口則用粉彩盒隨附的海綿棒擦上煤煙色，重現使用過的狀態。槍口前端全黑、愈往後方愈淡的有層次塗裝，看起來更為逼真。

## 完成

▶ 塗上迷彩圖案時考慮身體到手、腳的流動，成品會更逼真。

▶ 護盾表面積大，正是展現迷彩圖案的最佳位置。

◀ 雙腳周邊用擬真風化舊化膏塗上泥汙，然後再塗上透明水漬色的舊化膏，以呈現水的光澤感。

從戰車、戰鬥機到戰艦，可欺敵的迷彩可說是真正兵器不可或缺的裝飾。鋼彈模型也從黎明期的「HOW TO BUILD GUNDAM」時代起，即導入迷彩塗裝技巧以呈現真實感，相信已經是大家很熟悉的技巧了。不過這項技巧看起來好像很高深，使很多人會誤以為「我一定做不到」。現在隨著高性能、不會塗色不均的水性塗料 Citadel 模型漆的問世，用筆進行迷彩塗裝已經變成簡單又輕鬆的技巧了。本次溼地戰用薩克這種 MG 尺寸的吉翁系列 MS ＋迷彩＋舊化處理，可說是最佳組合，也請大家務必嘗試一下活用成型色的迷彩塗裝處理。

活用成型色簡單精修，
成為進階模型！

# MG 基拉·德卡 ╳
# 冬季迷彩

BANDAI SPIRITS 1/100 scale plastic kit
"Master Grade"
AMS-119 GEARA DOGA
modeled&described by Teppei HAYASHI

陸戰型基拉·德卡及沙薩比活躍在鋼彈漫畫先驅近藤和久作品《機動戰士鋼彈 吉翁的中興》，其中基拉·德卡的腳部和裙甲上有著第二次世界大戰期間戰車常見的Zimmerit防磁塗層。這裡用MG基拉·德卡試著重現Zimmerit防磁塗層＋冬季迷彩。

## 01 | Zimmerit防磁塗層

▲用補土重現Zimmerit防磁塗層。補土有很多種，田宮高密度型補土最適合以滾輪做塗層。

▲塗層用滾輪推薦使用MODELKASTEN的滾輪產品，非常好用。我用了10年都沒壞。

▲先把補土均分成主劑、硬化劑，並確實混合。就算顏色看來均勻了，內部也可能還沒充分混合均勻，所以請揉搓5分鐘左右。手指塗上藥用護唇膏更容易作業。

▲把補土拉成薄片後，貼在前裝甲上。補土最佳厚度是1mm左右。一定要確實貼合，否則可能黏在滾輪上而脫落。

▲用滾輪壓上細紋。使用滾輪的訣竅就是不用拉的，而是由下往上推。就這樣直接使用可能沾起補土，所以滾輪先滾上藥用護唇膏後再使用吧。

▲腳底部分也要上Zimmerit防磁塗層。本次示範的原則是簡單輕鬆，所以減少上塗層的部位。實際製作時可以視自己喜好，在各個部位上塗層，這樣也很有趣。

▲補土是白色的，所以塗上城寨綠色的Citadel模型漆讓補土變綠色。只要是近似成型色的顏色，皆可使用。

▲上完Zimmerit防磁塗層的狀態。乍看之下好像很難，其實只要按步驟製作，非常簡單，幾乎不費工夫，請務必挑戰看看。

## 02 迷彩塗裝

◀使用白色的郡氏舊化塗料。先不要搖見瓶身,小心地倒掉塗料上方的透明溶劑。

▲為了增加冬季迷彩用塗料的固定力,先全身噴上特級消光保護漆。MG基拉・德卡是大型機種,相當重,作業時小心不要讓它掉下來。

▶全身消光後的狀態。本次要示範冬季迷彩,不過也可以參考前面的How to專欄,只進行一般的舊化塗裝處理。

▲用平筆把瓶身下方剩下的塗料塗在全身上。白色的遮蔽力很好,只要一筆下去就顯色,所以一下子就變白了。筆刷留下的痕跡是做出逼真感的重要關鍵,所以不用像一般塗裝一樣塗得那麼均勻。

▲塗白色時,要小心不要塗到新吉翁標誌。因為真正帶有冬季迷彩的戰車,也會留下國籍標誌,露出底色。

▶這是用白色全身塗白的狀態。接下來要進行舊化處理。冬季迷彩因為底色是白色,處理時一不小心就會整個變土色,所以舊化處理時要一邊注意一邊處理。

▲舊化塗料乾燥時間長,等待時又無法進行下一步作業,所以等一個晚上差不多乾了之後,全身再噴一次特級消光保護漆,固定塗膜。

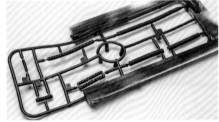

▲動力管和推進器內部等,如果有原本就是黃色的零件,看起來就很像玩具機器人。用郡氏噴漆罐消光黑色塗裝成黑色,讓它看來更像軍用機種吧。

▲武器也一樣用消光黑塗裝。不過光是這樣還是略顯單調,所以全體刷上田宮舊化粉彩盒的紅燒色,帶出金屬感,然後再由上方灑上泥汙色,讓整體看來較沉穩。

▲全身白的冬季迷彩很容易看起來太樸素、單調,所以在手臂加上識別標誌,作為重點裝飾吧。首先在大臂上纏上一圈保護膠帶。

▲塗上金黃色的Citadel模型漆。因為已經有保護膠帶,簡單用筆塗就會出現直線。

▲撕下保護膠帶即完成識別標誌。一樣是黃色,放的部位不同還是有不同效果,如更像玩具、更像真的軍方武器等。所以配合你想像中的完成樣子來區分使用吧。

## 03 漬洗

▲▶真的戰車上的冬季迷彩很快就會有點兒髒。用專用溶劑稀釋原野棕色舊化塗料，塗在全身上讓迷彩顏色更為柔和。白色一下子就會被染成茶色，所以最好把棕色塗料稀釋到乍看之下會讓人懷疑「這真的有顏色嗎？」的程度。

▲不小心塗到白色的關節部位，就用德國灰色的田宮油性漆修飾。乾燥後再比照武器的處理方式，塗上舊化粉彩盒的紅燒色和泥汙色，增加變化。

## 04 乾刷

▲冬季迷彩幾乎都採用水性塗料，容易剝落，一下子底色就會外露。我們就用乾刷來重現這種狀況吧。先用平筆沾取城寨綠色的 Citadel 模型漆，用紙巾調整沾取分量。

▲以邊緣部分為中心擦上塗料。白色為底很容易顯色，刷得太盡興一不小心就會把模型乾刷成全身綠色，所以作業時要小心。

▲用乾刷重現迷彩剝落的狀態。容易塗上綠色的部分其實也正是顏色容易剝落的部分，所以只要輕輕鬆鬆就可以逼真重現冬季迷彩剝落的狀態。

▲軟樹脂製的動力管很難上色，有時作業中顏色還會剝落。此時就用消光黑色的田宮油性漆修飾，再灑上舊化粉彩盒的泥汙色，讓顏色溶為一體。

## 05 汙痕（Streaking）等

▲把深棕色的田宮墨線液一點一點地沾到刻線和細節部分，讓這些部分更為突顯。塗料沾太多時可以用手指渲染開來，會更逼真。

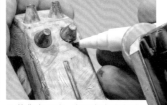

▲舊化處理時，在白色為底色的冬季迷彩上，畫上鏽漬流下的痕跡，有畫龍點睛的效果。先用鋼彈擬真麥克筆的寫實棕色畫出流下部分的底部。

▲完全乾燥前用渲染筆果斷地向下拉。反覆這項作業時渲染筆筆尖很容易髒，所以要勤用紙巾清潔筆尖，讓筆尖保持清潔。

▲重現鏽漬流下的狀態。冬季迷彩畫上鏽漬流下的痕跡很吸睛，但畫太多就會覺得乏味。所以在一個零件上畫鏽漬流下的痕跡後，就要再找其他部位作業。作業時要考慮到整體均衡。

▲推進器周圍就用舊化迷彩盒，依序使用泥汙色→煤煙色，愈往中心愈黑，重現煤煙的髒汙。泥汙色加上茶色系，會比用黑色單色，呈現出更為寫實的排氣髒汙。

▲冬天會積雪，所以腳部會顯得泥濘不堪。就用郡氏擬真風化舊化膏的透明水漬色和棕土色，來重現泥濘吧。

## 完成

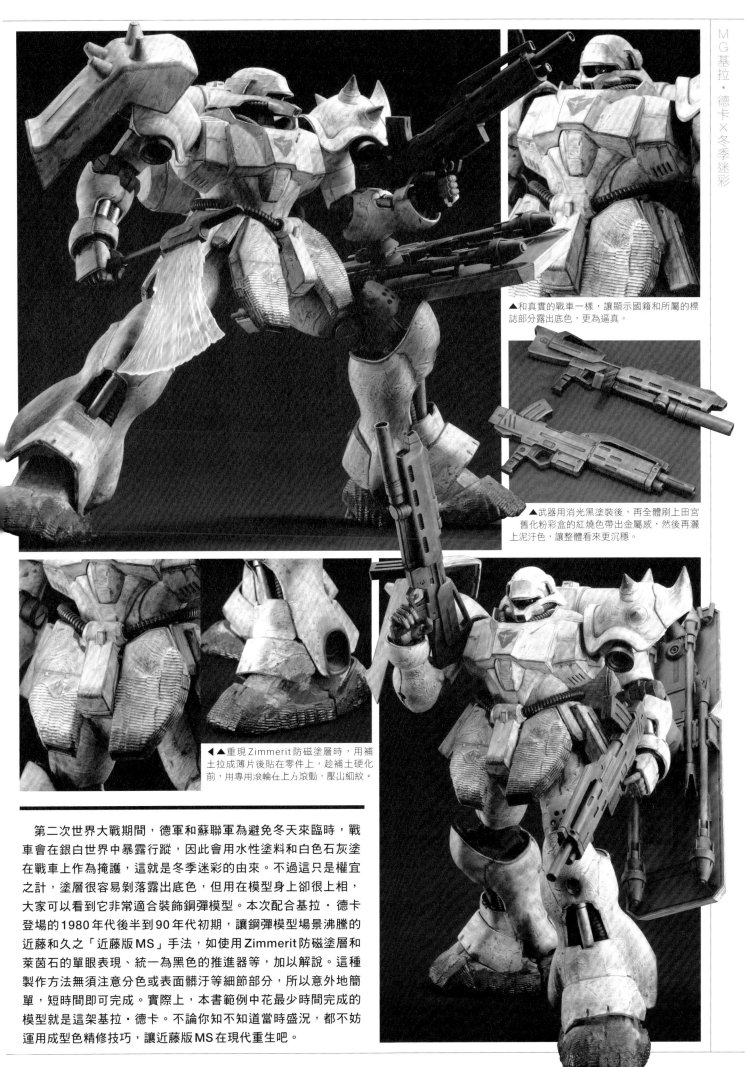

▲和真實的戰車一樣，讓顯示國籍和所屬的標誌部分露出底色，更為逼真。

▲武器用消光黑塗裝後，再全體刷上田宮舊化粉彩盒的紅燒色帶出金屬感，然後再灑上泥汙色，讓整體看來更沉穩。

◀▲重現Zimmerit防磁塗層時，用補土拉成薄片後貼在零件上，趁補土硬化前，用專用滾輪仕上方滾動，壓山細紋。

　　第二次世界大戰期間，德軍和蘇聯軍為避免冬天來臨時，戰車會在銀白世界中暴露行蹤，因此會用水性塗料和白色石灰塗在戰車上作為掩護，這就是冬季迷彩的由來。不過這只是權宜之計，塗層很容易剝落露出底色，但用在模型身上卻很上相，大家可以看到它非常適合裝飾鋼彈模型。本次配合基拉・德卡登場的1980年代後半到90年代初期，讓鋼彈模型場景沸騰的近藤和久之「近藤版MS」手法，如使用Zimmerit防磁塗層和萊茵石的單眼表現、統一為黑色的推進器等，加以解說。這種製作方法無須注意分色或表面髒汙等細節部分，所以意外地簡單，短時間即可完成。實際上，本書範例中花最少時間完成的模型就是這架基拉・德卡。不論你知不知道當時盛況，都不妨運用成型色精修技巧，讓近藤版MS在現代重生吧。

# RE/100 鋼彈試作4號機 卡貝拉✕裂紋迷彩

BANDAI SPIRITS 1/100 scale plastic kit
"REBORN-ONE HUNDRED"
RX-78GP04G GUNDAM GP04 GERBERA
modeled&described by Teppei HAYASHI

所謂的裂紋迷彩，就和船艦用的眩暈迷彩一樣，是畫在戰鬥服、戰車或戰機上的幾何迷彩圖案。在鋼彈模型領域中，很早便運用在《鋼彈前哨戰》，蔚為話題。本書以RE/100鋼彈試作4號機卡貝拉示範裂紋迷彩的處理技巧。

活用成型色簡單精修，成為進階模型！

---

## 01 迷彩塗裝

▲在藍色的成型色上加入裂紋迷彩。GP 04的藍色面積並不是非常大，但都是吸睛的部分，只要少許作業就可以得到很大的效果。

▲用鑷子貼上剪成細條的保護膠帶，遮蓋迷彩圖案。與其參考實際的飛機，不如參考有裂紋迷彩的MS立體物，如Ex-S鋼彈等更帥氣。

▲遮蓋後的狀態。進一步處理前一定要確認遮蓋是否確實且無遺漏。與其用寬膠帶遮蓋，大膽決定迷彩圖案，不如用剪成細條的膠帶先決定好外框，再貼滿內部，這樣做出來的圖案更美觀。

▲鋼彈類MS最適合用色彩飽和度較低的淺粉藍色做裂紋迷彩。噴漆罐沒有這種顏色，所以用蓋亞模型漆 Ex 系列亮光白色加上鈷藍色調色。此時一定要先倒入亮光白色，再慢慢加入鈷藍色。因為要讓顏色鮮豔的藍色飽和度降低，白色塗料必須是藍色的好幾倍才行。

▲調好色後就算用筆塗，也塗不漂亮……簡易噴漆罐就是這類人的救星。這是最好用的簡易噴筆，GP04的藍色零件用這個工具就可以充分塗裝。

▲調色後的塗料用郡氏噴塗專用稀釋液稀釋成2倍左右，再噴塗到零件上。噴筆塗裝時如果為了讓塗料顯色，一下子就噴上大量深色塗料，這樣表面會出現顆粒狀，或零件上的大量塗料流得到處都是。所以塗一點後先乾燥，反覆操作，分幾次噴塗塗料，就可以做出顏色美麗的表面。

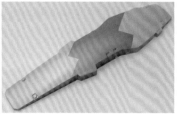

▲等20分鐘左右，直到塗料已經乾到用手去摸也不會沾手的程度。撕下保護膠帶就會出現美麗的裂紋迷彩圖案。零件中心部位仍是成型色，但看起來卻像是全面經過塗裝的感覺。

## 02 部分分色塗

▲推進燃料箱的灰色部分與其用模型隨附的貼紙,不如用塗裝重現更為逼真。用保護膠帶遮蓋這個部位,再用郡氏噴漆罐的中性灰色塗裝。

▲撕下保護膠帶後發現塗料溢出的部分。如果只溢出一點點,就用筆刀刀尖刮除即可。這是活用成型色精修獨有的技巧。

▲圓型細節部位和凹陷部分的灰色,就把噴漆罐的塗料噴在紙杯上,然後用筆塗上。面積較小或很難遮蓋的部位,就用筆塗因應,即可順暢作業。

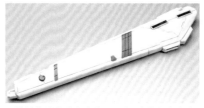

▲燃料推進箱的灰色部分全部塗裝完成的狀態。就算模型有附貼紙,用塗裝製作的質感截然不同。最終只要經過消光處理,就幾乎看不出來筆的痕跡,所以請大家盡量嘗試,不要怕失敗。

## 03 入墨線

▲為了讓刻線和細節更明顯,強調立體感,所以要入墨線。本次示範以有清潔感的成品為目的,所以使用淡灰紫色的鋼彈擬真麥克筆擬真灰色(Real Touch Gray 1),在刻線部位入墨線。

▲用紙巾拭去超出範圍的塗料。因為目標是有清潔感的成品,所以不要渲染,確實擦拭乾淨吧。如果怎麼擦都還是有顏色殘留,就用鋼彈擬真麥克筆的消拭筆或沾滿無水酒精的棉花棒擦拭。

▲畫好墨線的狀態。加上淡紫色的墨線後,看起來就是充滿清潔感的墨線了。想得到Ver. Ka等乾淨的成品時,就使用擬真灰色吧。

▲大腿中心和胴體結合等部位的粗刻線,如果用擬真麥克筆入墨線,會因為面積大而顏色不均。像這種較粗的刻線部分,就用鋼彈麥克筆黑色墨線筆把刻線內塗滿。

▲塗滿黑色墨線的狀態。墨線不需要全部都用同一種顏色、同一種方式畫,可以考量到每個部分的意義,如細節和刻線深度等,略做變化,可以避免成品看來過於單調。

▲前臂等各處部位有和凹陷部分一體的推進器細節。這也是畫一般的墨線看來會不自然的部分。先用消光黑色的田宮油性漆塗裝。

▲超出範圍的塗料用沾取油性漆溶劑的棉花棒擦拭。油性漆溶劑會滲透進塑膠內,導致塑膠破損,所以一定要小心不要沾太多溶劑!!!

▲凹陷處塗裝後的狀態。更突顯出推進器周圍和其他零件的差異。推進器部位等消光後再重新塗裝。

## 04 貼透明貼紙

▲模型隨附透明貼紙。這種透明貼紙雖然薄又好用,但非常黏,直接使用很難定位,所以要先將黏膠面沾水,降低黏性。

▲用鑷子小心地慢慢將貼紙推到指定位置後固定。貼這種大片貼紙時,可以把零件相對位置四周也稍微沾溼,更容易進行細微調整。確定好位置後用紙巾壓住,讓貼紙和零件密合,同時拭去多餘水分。

▲貼好透明貼紙的狀態。透明貼紙雖然比水轉印貼紙厚,但只要消光後就幾乎看不出沒有圖案的部分。如果貼大量貼紙讓你覺得很累,也可以選擇只貼醒目的貼紙。

## 05 消光鍍膜

▲要得到有清潔感的成品,消光作業不可少。如果還要進行舊化處理,也可以在組裝好的狀態下進行消光。如果不進行舊化處理,直接把塗料噴到組裝好的模型上,難免有塗漏、粗糙不平的問題,所以把零件拆開後再噴上塗料。

▲噴上特級消光保護漆。此時要小心噴灑,讓表面呈現被水弄溼的狀態。表面不光滑的塗法,會讓成品表面粗糙,不夠美觀。

▲因為必須一次同時晾乾大量零件,就準備幾塊園藝用海綿,把塗裝夾具插在上面晾乾吧。如果是GP04,準備3塊海綿應該就綽綽有餘了。

▲消光後的狀態。消光後光反射銳減,塑膠縮痕或表面些許的凹凸更不明顯,有統一的光澤,所以也分不出成型色、塗裝部分、透明貼紙的差異,成為消光且均一的表面,整個融為一體。

 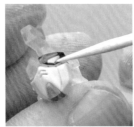

▲貼上雙眼貼紙。用鑷子貼到指定位置上，再用牙籤讓細節密合。像這種貼在金屬感測部位的貼紙，如果在消光作業前貼，表面會變霧，失去原本的金屬感，所以消光作業後再貼吧。

▲GP 04的推進器內部為紅色。用塗裝重現配色，成為吸睛的推進器吧。先用鋼彈麥克筆金屬紅色塗推進器內部。

▲外側則塗上4 Artist麥克筆的銀色。塗的時候記得多擠出一些塗料，以做出光滑的金屬光澤。推進器邊緣的分色，用麥克筆塗會比筆塗，分色分得更漂亮，不用擔心。

▲最後中心部位再滲入消光黑色的田宮油性漆，呈現金屬光澤，內側又是紅色的推進器即大功告成。油性塗料乾燥很花時間，等約24小時應該就可以安心了。

▲接著要為不同的零件塗上不同的顏色。直接用麥克筆塗有點難，所以先把筆尖壓在塗料皿上擠出塗料。放在塗料皿上的塗料很容易乾燥，所以滴上一滴油性漆溶劑就會很好塗。

▲塗推進器。遊戲工坊底色塗裝用筆中最細的筆最不容易塗超出範圍，而且很適合用來塗細節，所以有這隻筆的人可以用它來塗，更不容易失敗。

▲4 Artist麥克筆是油性塗料，用手拿直接乾燥後的推進器壓入榫孔，可能留下指紋或讓塗料表面看來霧霧的，所以作業時隔著紙巾拿推進器，就可以維持零件的光澤。

▲準星則貼上HIQ PARTS推出的感測器用金屬貼紙圓形紅色，成為閃耀的重點。只要多加入一點巧思，完成度就會愈來愈高。

# 完成

# RX-78GP04G 鋼彈試作4號機 卡貝拉

製作、撰文／**林哲平**

▲內部塗上鋼彈麥克筆金屬紅色，外側則塗上
4 Artist麥克筆的銀色。

裂紋迷彩原是二戰期間德國軍機的迷彩塗裝。鋼彈模型則因大日本繪畫發行連載的《鋼彈前哨戰》中運用於Ex-S鋼彈的塗裝，與其說是還原真實塗裝，不如說是成為一種平面設計的手法，令鋼彈模型看來更為帥氣。所以比起舊化處理，裂紋迷彩更適合洗鍊、整潔感的乾淨精修。我利用這架卡貝拉說明正統派鋼彈模型成型色精修的How to技巧，但不是「消光即結束」，而是更進一步，特別加入目前活躍在第一線，擅長乾淨精修的職業模型家的技巧，比如「區分使用墨線法」、「金屬光澤推進器」等等。運用這些技巧要做出完美成品無法偷懶取巧，必須專注作業；但成型色精修也有容易恢復原樣，不太花工夫的優點。請務必親手試試裂紋迷彩 × 乾淨精修的效果！

▲與其參考真實飛機的裂紋迷彩，不如參考Ex-S鋼彈等立體MS的裂紋迷彩，
看來更為帥氣。

▶護盾是展示迷彩的舞台。不要分太細，大膽地分色比較好。

活用成型色簡單精修，
成為進階模型！

金屬膜是無法經由塗裝實現
的精彩表現方法。但是有時它
那強烈光輝也會讓人覺得像是
玩具。這裡示範在金屬膜上加
些巧思，讓模型看來更有韻味
也更真實的手法。

BANDAI SPIRITS 1/100 scale plastic kit
"Master Grade"
RX-0 UNICORN GUNDAM 03 PHENEX
modeled&described by Teppei HAYASHI

# MG 獨角獸鋼彈3號機鳳凰×金屬膜舊化

## 01 精神感應框架的墨線&框架塗裝

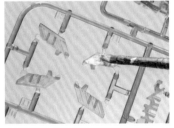

▲直接組裝精神感應框架的透明零件，可能變成零件的陰影，又因部分透光而看來暗沉，所以在背面塗上白色避免透光吧。任何塗料的白色皆可，本次示範為了避免侵蝕，使用顯色佳且快乾的Citadel模型漆陶瓷白色（Ceramite White）。

▲等到白色塗料乾燥後，用鋼彈擬真麥克筆擬真藍色粗頭筆尖，在全體零件上塗上塗料。

▲表面則用紙巾，像是要用擬真藍色進行渲染一樣，擦掉多餘塗料。

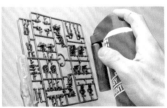

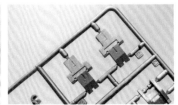

▲墨線完成。背面不會透光，成為閃閃發光的精神感應框架。獨角獸鋼彈的零件很多，精神框架先不要從澆道上剪下來，直接作業，這樣比較輕鬆且省時。

▲框架則用簡易噴漆罐，噴上HOBBY COLOR水性漆燒鐵色。直接用水性漆會太濃，所以用HOBBY COLOR水性漆專用稀釋液略微稀釋後，再放入塗料瓶中使用。

▲塗裝後的狀態。燒鐵色乾燥後會成為消光的金屬色，更容易讓舊化粉彩等舊化用塗料固定附著，所以非常適合用來做簡單舊化處理的框架顏色。

▲武器和武裝背包等也在從澆道上剪下前，用噴漆罐或簡易噴漆罐塗裝。武器用消光黑色，藍色部分則用Z系藍色＋海軍藍色塗裝。

## 02 零件固定與整形

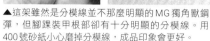

▲本次示範將固定成毀滅模式。除了手、腳等可動部分以外的變形部分，都滲入高強度型瞬間接著劑確實固定。使用低黏度速乾型黏著劑可能會造成塑膠破損，或是滲入不需要黏著劑的部位無法清理，所以務必使用高強度型瞬間接著劑！

▲固定的重點就是組裝成毀滅模式時，用手拿著外裝就會叭噠地闔上，或是精神感應框架會內縮的部分。不要一次滲入大量黏著劑，而是一邊滲入少許黏著劑，一邊觀察固定的狀況，逐步固定。否則一不小心就會固定到不能固定的部分，無法恢復原狀。變形的機關很複雜，請仔細確認說明書的變形說明部分，確認正確狀態吧。

▲這架雖然是分模線並不那麼明顯的MG獨角獸鋼彈，但腳踝裝甲根部卻有十分明顯的分模線。用400號砂紙小心磨掉分模線，成品印象會更好。

## 03 修整與標記

▲Armed Armor DE護盾有呈框架色的部分。用筆塗上HOBBY COLOR水性漆燒鐵色。稍微塗超出範圍也沒關係，因為舊化處理後就看不出來了，就大膽地塗吧。

▲剪下零件留下的湯口痕跡，就用金色的鋼彈麥克筆修整。與其一個一個零件慢慢修，不如全部組裝好後一次修整更有效率。舊化處理後其實也幾乎看不到湯口痕跡，所以嫌麻煩的人也可以只修整醒目的部分。

▲標記是要讓獨角獸鋼彈看來更帥氣所不可或缺的一步。先用筆刀把每一個標記割開。若用剪刀可能會讓底紙變得破破爛爛的，容易搞不清楚編號，一定要小心作業。

▲用鑷子夾住水轉印貼紙，泡一下水或溫水再提起來。稍等一下水分就會完全滲透底紙，貼紙就會浮起來。

▲把水轉印貼紙放在指定位置上。用手指輕壓住浮起的水轉印貼紙，然後慢慢滑動底紙並拉開。

▲水轉印貼紙位置確定後，用紙巾輕壓吸去水分。此時要小心別讓水轉印貼紙滑動移位。

▲光是這樣貼上水轉印貼紙，有時看來好像浮浮的，有時還很快就會剝落。為了讓水轉印貼紙和零件完全密合，就使用郡氏水貼軟化劑。吸去水轉印貼紙的水分後，把水貼軟化劑塗在水轉印貼紙上。小心不要塗太多，以免水轉印貼紙溶化。

▲塗上水貼軟化劑後等10～15秒左右，水轉印貼紙就會變軟。然後就用沾水的棉花棒輕輕在水轉印貼紙表面滾動，撫平皺紋，讓水轉印貼紙和零件密合。棉花棒請務必使用模型專用棉花棒。便宜的棉花棒棉絮可能沾附在水轉印貼紙上，弄髒水轉印貼紙。

▲貼好水轉印貼紙後的狀態。獨角獸鋼彈的水轉印貼紙非常多，建議大家不用勉強自己全部貼完，可以只貼醒目的部位。

▲要貼很多水轉印貼紙的訣竅，就是先把水轉印貼紙割開，如照片所示，按照貼的相對位置排放好，然後依序貼上，這樣比較有效率。然後要讓水轉印貼紙自底紙上浮起時，建議使用溫水。溫水會比冷水更容易讓水轉印貼紙自底紙上浮起，可以縮短浸水時間。

▲舊化處理最主要重點就是消光和漬洗。獨角獸鋼彈因為有透明的精神感應框架，不能使用之前示範的方法，也就是組裝後直接全部噴上消光保護漆。不過還是有一個方法可以輕鬆進行舊化處理。

▲處理前先用布擦拭全身。雖然肉眼可能看不出來，不過上面的灰塵或指紋在漬洗時，可能堆積塗料而變明顯。但也不用太過神經質，全身用布擦一下即可。

## 04 修整與標記

◀同時兼具消光和漬洗功能的魔法小物就是這瓶Citadel模型漆 Seraphim Sepia。這是帶橘色的透明色，很適合用來替鳳凰的鍍金機體進行漬洗處理，乾燥後自然消光。而且這是水性塗料，不用擔心鍍膜溶化或塑膠破損。

▶塗在鍍金零件上。如果滲入關節可能會硬化，所以只塗在外裝上。這種塗料不同於油性塗料和舊化塗料，剛塗上時感覺塗料好像無法滲入零件表面，不過這種塗料會固定附著在表面上，不用擔心。塗的時候要小心，因為塗料很容易沉積在零件下方。

▲用吹風機強制乾燥，可以加快作業速度。吹風時要吹冷風，不要吹熱風。用熱風吹一段時間後，塑膠可能會因受熱而扭曲變形。

▲漬洗完成的狀態。對電鍍表面進行舊化處理時，與其完全讓表面消光，不如用消光塗料漬洗，隨機讓底色的鍍金光澤外露，更能讓人覺得這是「金光閃閃的機體變髒了」。

## 05 掉漆處理

▲清洗過後質感就大為不同了。不過為了多加點變化，就再加上掉漆處理吧。這是處理前的狀態。

▲搖晃HOBBY COLOR水性漆燒鐵色瓶身，然後用適當大小的海綿沾取瓶蓋內側附著的塗料。

▲用紙巾等輕壓海綿，拭去多餘的塗料。還不熟練時可以先擦拭到紙巾上幾乎看不到塗料的程度，以避免失敗。

▲以邊緣部分為中心，用海綿輕拍的方式進行掉漆處理。掉漆處理的程度當然看個人喜好而定，不過因為是鍍金機體，即使邊緣部分全部變成燒鐵色，好像掉漆很嚴重，整體看來也不會太過暗沉。不過如果第一個零件下重手，之後的零件都必須配合第一個的掉漆程度，否則看起來會不自然，所以作業時一邊確認全體的髒汙均衡狀況比較好。

## 06 最後修飾

◀▼用田宮舊化粉彩盒D的紅燒色和青燒色，以隨附的海綿頭刷在全體武器和關節上，添加金屬質感吧。底色已經經過消光處理了，粉彩可以充分固著。

▲最後用筆刀刮過邊緣部分，讓塗膜剝落，露出鍍銀的底色吧。這麼一來就可以用最棒的金屬表現電鍍效果，重現邊緣經摩擦後露出金屬底的狀態。

## 完成

BANDAI SPIRITS 1/100 scale plastic kit
"Master Grade"
# RX-0
## 獨角獸鋼彈3號機
## 鳳凰
製作、撰文／**林哲平**

▲利用消光塗層降低鍍金的閃耀感，讓整體變得沉穩的同時，又能維持豪奢的印象。再經由清洗和掉漆等舊化處理，還可以加入兵器的真實感。處理電鍍表面時，比平常處理成型色時更誇張地舊化，也不會給人太髒的感覺。

　　MG獨角獸鋼彈問世已超過10年，至今仍是大受歡迎的機體，但是複雜的變形機構帶來可觀的零件量，還有惱人的透明零件精神感應框架，以及大量的水轉印貼紙，對於新手來說的確門檻很高。尤其鳳凰全身的金色鍍膜，以及造成跌倒主因的Armed Armor DE護盾，又是三機之中看來難度最高的機體……，其實並非如此！考量到電鍍零件是已經塗裝完畢的零件，如果考量全部塗裝，反而是3架獨角獸鋼彈之中最簡單的。本次的How to固定並省略複雜的變形，金色鍍膜則透過舊化處理，針對容易沾上指紋和灰塵的缺點採取對策，連難處理的精神感應框架都提供完整說明。排除新手難關，絕對是享受鋼彈模型製作樂趣的「零壓力MG獨角獸」製作法。鍍金或電鍍特別版不只可直接組裝出美體，也是最佳的舊化處理基本機。

　德茲爾專用薩克等機體裝甲上的浮雕,只能先上補土再雕刻,是高難度技巧之一。但是最近百圓商店等就有賣美甲貼或手工藝用的裝飾貼紙等。這裡就試著運用那些材料,完成一架金屬塗裝＋浮雕的MG甘恩!

活用成型色簡單精修,
成為進階模型!

# MG甘恩×浮雕技術

BANDAI SPIRITS 1/100 scale plastic kit
"Master Grade"
YMS-15 GYAN
modeled&described by Teppei HAYASHI

## 01 骨架塗裝

◀▲本次於組裝好後再塗裝。全身噴上郡氏噴漆罐消光黑色。關節部位無法一次噴灑完全,所以等塗料乾燥後,再把關節彎起來,針對沒噴到塗料的部分再噴一次。

▲只用消光黑色看來很單調,為了突顯細節,進行乾刷處理。把塗料粒子細的鋼彈麥克筆的鋼彈銀色塗料擠在塗料皿上,用平筆筆尖沾取少許塗料,在紙巾上擦拭調整塗料分量。用筆尖上殘留的些許塗料塗在邊緣上,加上明暗強弱。

◀MG甘恩的單眼保護罩很厚,不加工處理很難讓人注意到單眼的存在。所以這裡我們改用會反射光且更為醒目的直徑5㎜萊茵石。做法很簡單,用斜口鉗剪下模型上的單眼連接栓,然後塗上膠狀的瞬間接著劑固定萊茵石即可。

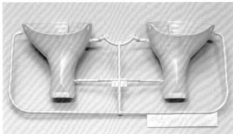

## 02 外裝金屬塗裝

▲MG的零件數很多,所以外裝就用噴漆罐,連同澆道一起塗裝吧。塗裝時用免洗筷夾持住零件。作法是用膠布把免洗筷確實固定在澆道的標籤上。萬一塗裝時澆道脫落、掉落導致零件沾滿灰塵,那就慘不忍睹了。

▲骨架塗裝完成的狀態。本次為了照相時上相,所有骨架都塗裝了,不過實際上只要塗裝關節、護盾保持零件等完成後看得到的部分即可。此外,對金屬外裝的骨架進行消光處理等,改變關節和裝甲的質感,可以讓作品更吸睛。

▲本次要進行金屬塗裝,所以先噴上黑色的田宮噴漆打底。塗裝有光澤的黑色作為金屬基底,多餘的光會被基底的黑色吸收,所以會有更多被金屬塗裝反射的金屬光進入眼中,看起來更為閃耀。

▲然後選用目前模型用噴漆罐中最為閃耀的田宮噴漆的金屬銀色(Metallic Silver),噴在黑色基底上,更為突顯出銀色的光澤。另外田宮還有一個顏色極像的軍機專用銀色(Bare-Metal Silver),小心別搞錯了。

▲等塗料確實乾燥後,再剪下零件。為了避免傷及塗膜,用斜口剪剪取時留下一點湯口。

▲用筆刀修掉殘留的湯口。連同澆道一起塗裝的零件,用斜口鉗剪二次湯口很容易傷及塗膜,所以雖然麻煩,還是用筆刀處理,成品更為美觀。

▲湯口切面會外露成型色。一般會擠出噴漆罐的塗料後修整,可是為了配合色調,要先黑色→金屬銀色,實在太麻煩。所以用色澤極為接近的4 Artist麥克筆的銀色修整,一下子就可以完成。

▲銀色塗裝完成狀態。黑色和銀色都是遮蔽力強,又不容易不均勻的顏色,最適合新手用來練習使用噴漆罐連同澆道一起塗裝。看起來好像很難,其實遠比使用素色來得簡單,請大家務必挑戰看看。

▲護盾和武裝背包的外裝則以田宮噴漆亮光槍鐵色(Gun Metal)塗裝。像亮光槍鐵色這種偏暗的金屬色,就算不先噴黑色打底,發色也不太會改變,所以直接塗裝在零件上也不會有問題。

## 03 浮雕

▲為了重現西洋甲冑風浮雕,我使用的是Alpha Craft Master的Elegant Cut Seal。一張450日圓左右。這種軟質樹脂製成的貼紙可稍微彎曲,貼合曲面,而且色彩豐富,設計多元。有了這種貼紙,鋼彈模型的浮雕就可以有無限多的表現方式,可以說是超級材料。

▲貼紙本身就已經切割好,不需要處理留白。花樣纖細再加上黏著力不是那麼強,為避色手上的油影響黏著力,最好用細尖頭鑷子拿取貼紙。

▲貼合時略微彎折貼紙以符合零件曲面。沿著圓形邊緣邊折邊貼，耐心慢慢貼，一次只貼一點點。雖然也要看貼紙的圖案設計，但慢工出細活，更能貼合曲面。

▲多餘的貼紙就用筆刀裁掉。用筆刀尖端輕壓貼紙部分，這樣可以減少對塗膜的傷害。

▲貼上貼紙的狀態。熟練後就很好貼。貼紙用量很大，所以作業前主要圖案可以先準備4張左右。

▶腳部貼完貼紙的狀態。貼的時候不要埋頭猛貼，可以參考德茲爾專用薩克或馬克貝專用甘恩等裝甲上本就有浮雕的MS，做出來的成品說服力更高。

◀小臂部分。一直用細小的浮雕貼紙沿著零件邊緣貼很累人，也可以用稍大的貼紙貼滿整面。不過貼太多看來很單調，所以貼的時候要考慮到整體均衡。

▶後裝甲等大面積的零件，也可以用大張的貼紙。貼的技巧就是先貼上大面積貼紙，然後在周圍貼上細小貼紙裝飾，這樣就可以做出漂亮的成果。

## 04 活用美甲貼

▶美甲貼也是可以拿來做浮雕的好東西。百圓商店就有賣便宜的美甲貼，不過設計精美的美甲貼還是要價500日圓左右。因為商品流動很快，看到喜歡的美甲貼就多買一些當存貨吧。

▲美甲貼也是軟質樹質製，很軟且黏著力很強，貼上去後要再撕下來就會破損。所以為了降低黏著力，黏著面先泡水，這樣比較容易定位。

◀貼好貼紙的狀態。美甲貼黏著力很強，所以Elegant Seal容易脫落的大曲面也能確實貼合。有些美甲貼上還有寶石風裝飾，種類繁多，適合用來作為吸睛重點裝飾。

▲用鑷子拿取，貼在零件上。放在要貼的位置後，用紙巾拭去多餘的水分。

▶手工藝店販賣的裝飾小物也可用來作為浮雕的裝飾配件。選擇價格便宜且相同設計小物不只一個的商品，性價比更好。

▲用透明環氧AB膠黏著。環氧樹脂成分的接著劑不會傷害硝基塗膜，可安全黏合零件。

▲我推薦使用施敏打硬公司的HI SUPER 3。硬化時間短，可快速作業，而且時間久了也不容易變黃，可讓作品永保如新。

▲零件黏合後的狀態。手工藝店有許多可用在模型製作上的材料，像這種鍍金小物或各種色彩的萊茵石等，可以常去逛逛，說不定你也可以發現還沒有人用在模型上的意外驚喜。

▲配合本體造型，專用光束軍刀、導彈護盾也加上浮雕。

▶考量整體均衡，腳部也加上浮雕。肩部裝甲也是曲面很多的部位，所以貼上裝飾用貼紙時要確實貼合，以免日後剝落。

　有西洋甲冑風精細的金工裝飾、也就是浮雕的MS，如德茲爾薩克、馬·克貝古夫或是比基那·基那卑拉諾斯SP等，總是令模型玩家頭痛不已。這種超高級技術過去只有職業的模型高手，方能利用補土和塑膠棒加以重現，但現在市面上有許多可用來表現浮雕的美甲貼和手工藝裝飾貼紙，就連新手也只要貼好貼紙即可重現，已經是簡單易學的技巧了。在容易製作和重視角色個性的考量下，我選擇甘恩作為這次How to的教材，不過浮雕技巧其實特別適合用在大面積的吉翁系MS上，如丘貝蕾、夜鶯、沙薩比或雅各特·多卡等。不妨結合澆道噴漆的金屬塗裝技巧，做出自己專屬且金碧輝煌的慶典用MS吧！

# MG吉姆·狙擊者Ⅱ×鋼彈驚異紅戰士

BANDAI SPIRITS 1/100 scale plastic kit
"Master Grade"
GM SNIPER II + GUNDAM AMAZING RED WARRIOR use
RGM-79W GM WARRIOR II
modeled&described by Teppei HAYASHI

接下來要介紹二個用２個機體合成鋼彈模型的輕鬆改造實例。首先合成骨架相同的MG吉姆·狙擊者Ⅱ和鋼彈驚異紅戰士，輕鬆組裝出二合一的獨創吉姆。用噴漆罐部分塗裝以帶出零件的統一感。

活用成型色簡單精修，成為進階模型！

## 01 創意

▶吉姆·狙擊者Ⅱ和鋼彈驚異紅戰士是MG鋼彈Ver.2.0的衍生機體，基本骨架有很有相同零件。關節結構相同，所以可以像照片一樣換手換腳，輕鬆組裝出自己獨創的MS。一開始可以先多方嘗試替換，找出一個融洽的組合。

## 02 合成〔胴體〕

▲本次是初級篇，所以主要使用吉姆·狙擊者Ⅱ的頭部。這是因為鋼彈驚異紅戰士是出自漫畫《模型狂四郎》的機體，角色特性太過強烈，很難改變既有印象。而吉姆·狙擊者Ⅱ則是量產機，印象普通，和一樣的聯邦系機種組合，可讓人覺得「好像真的存在」。

▲胴體則選用重裝甲印象強烈的驚異紅戰士胴體。胸部正面的可視部分，和機體印象息息相關。如果這個部分選用原本的機體，就很難做出不同於吉姆·狙擊者Ⅱ的印象。

◀▲因為想做出「吉姆·狙擊者Ⅱ裝配紅戰士裝甲」的感覺，原本使用吉姆·狙擊者Ⅱ的腰部，但紅戰士和吉姆·狙擊者Ⅱ的腰部連接方式不同，直接連接看起來很不協調。這裡使用紅戰士內部骨架零件，就可以做出協調的軀體。會干擾後裝甲的球型軸就用斜口鉗剪掉即可。

◀襠部用吉姆·狙擊者Ⅱ，但有點煩惱不知前裝甲該如何是好，所以試著左右各裝上狙擊者Ⅱ和紅戰士，比較看看。手腳等有分左右的部位，可以參考這種做法，左右各裝一種比較看看更容易了解差異，有助於掌握改造後的印象差異。

▶最後決定採用紅戰士的前裝甲。決定關鍵是內部的導彈機關和重裝甲，可做出完全不同於輕裝吉姆·狙擊者Ⅱ的印象。簡單來說，改造時採用和原本機體完全相反的用途會更有説服力。

## 03 合成〔腳部〕

▶從正面看來腳就占一半。結實的吉姆・狙擊者Ⅱ和輕巧的鋼彈驚異紅戰士。本次要呈現的形象是近距離作戰用的重裝甲機體，所以選擇使用吉姆・狙擊者Ⅱ的腳。

▲不過如果全部使用吉姆・狙擊者Ⅱ的腳，又缺乏變化，所以把裸露在外的氣缸等腳部部分換成機動力高的紅戰士。不過無法直接裝上，要從腳部骨架的這個部分開始更換。

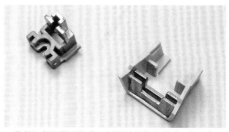

▲骨架內部零件更換後，外裝連接栓會變成干擾，無法直接裝上裝甲。所以要削除塗紅色的部分。

◀裝上外裝、吉姆・狙擊者Ⅱ的腳和驚異紅戰士腳踝的狀態。更接近高機動力的「吉姆・狙擊者Ⅱ近距離作戰型」的形象了。

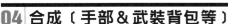

▲先用斜口鉗剪除大部分，再用筆刀削除剩餘的部分。因為是看不到的部分，只要零件裝的上去就好，剪得不美觀也無妨。

## 04 合成〔手部＆武裝背包等〕

▲吉姆・狙擊者Ⅱ的手比較纖長，看起來比較時髦，因此決定採用。因為角色特徵太強烈，特別拆除紅戰士的肩部推進器。多出來的球型軸用斜口鉗剪掉即可。

▲武裝背包選擇有武器支持配件的紅戰士背包。配件多的武裝背包擴充性佳，裝上推進器或推進燃料箱，就可以改變線條，十分方便好用。

▲雖然使用吉姆・狙擊者Ⅱ的脖子，但直接用會受到干擾，無法套入，所以要削除照片中的紅色部分。同系統機體也有微妙差異，微調後組裝更完美。

◀手持武裝的合成機體完成！近距離作戰型不配備狙擊步槍，而是配備機槍、護盾、短槍管超級火箭炮。配合機體用途配備武器，可提高設定的説服力。

▶組裝完畢後試著動動看，發現背上的火箭炮可以像加農一樣用肩扛起。組裝好之後不要馬上塗裝，而是先決定好姿勢，擴展想像空間，有時也會有新發現。

## 05 塗裝

▶不塗裝顏色看起來就會七零八落的，所以才需要塗裝以統一色調。本次就來試試不擅長全部塗裝的人也能輕鬆上手的最強塗料，也就是郡氏液態補土1500系列。

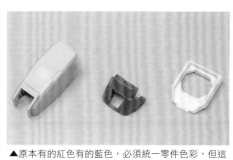

▲原本有的紅色有的藍色，必須統一零件色彩，但這些顏色都是飽和度很高的色彩，一般噴漆罐如果不噴上厚厚一層，底色很容易外露。

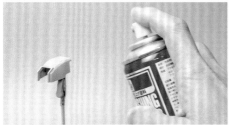

▲所以我把郡氏液態補土1500系列灰色不只用來打底，還直接當成塗料使用。使用方法和其他噴漆罐一樣，就是仔細搖勻後再噴上。遮蔽力很強，所以紅色和藍色的零件都會逐步變成灰色。

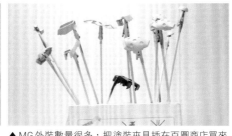

▲MG外裝數量很多，把塗裝夾具插在百圓商店買來的園藝用海綿上乾燥，更有效率。只要備妥5塊海綿，應該就可以順利作業了。

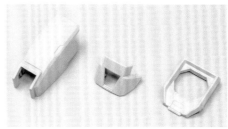

▲以郡氏液態補土1500系列灰色塗裝後的狀態。補土材質很細，表面看來很光滑，而且呈霧面狀態，成果看來一點都不遜於一般塗料。

▲全身只有灰色，看來很單調，所以用郡氏液態補土1500系列黑色分塗各部位。一樣是遮蔽力強的補土，所以只要噴在高飽和度的紅色、藍色成型色上，就可以出現美麗的消光黑色。不過黑色的遮蔽力比灰色稍差一點，所以先噴完灰色，熟練後再來塗裝黑色，更可以順利完成。

▲塗完灰色和黑色後，整體色調愈來愈像是鋼彈原型。為了搭配，用紅色郡氏噴漆罐塗裝胸部黃色部分。即使底色是黃色，紅色也能有很好的發色，所以直接噴塗即可。

▲胸部和腹部上半部分一體成型。直接全塗成黑色，會給人沉重的印象，所以部分分塗其他顏色。

▲紅色零件塗上郡氏液態補土1500系列灰色後，用膠帶纏住腹部，遮好腹部。分塗界線是直線，所以很簡單。

▲用郡氏液態補土1500系列黑色塗裝。如果一口氣用噴漆罐噴上塗料，塗料有可能滲入膠帶下方或交接處，所以一次噴一點，乾燥後再噴一次，反覆噴塗多次吧。

▲等塗料確實乾燥後，撕下膠帶即完成分塗。如果發現只是更換零件不符合自己的想像，也可以試著纏上膠帶分塗，改變形象。

◀用郡氏液態補土分塗後的狀態。這種「黑&白」配色是兵器色彩，適用於任何MS，而且塗裝簡單，試務必多多嘗試。

▼郡氏液態補土1500系列表面是光滑的消光表面，和舊化用塗料十分速配。而且塗上後表面漂亮又平整，直接當成完成品也沒問題。

## 完成

◀本次進行舊化處理後即完成。舊化處理和本書P.18起的「MG吉姆・狙擊者特殊型」相同。

◀製作二合一的獨創機體後，總是很在意剩下來的零件該怎麼辦吧。所以我用剩下來的零件合成一架「紅色狙擊者」，不過因為用的是之前選剩不用的零件，所以很難讓它看來很帥氣。與其糾結在「好可惜，好浪費」而勉強合成，不如把這些剩下的零件收好，當成是以後組裝新模型的備用零件。備用零件愈多，製作時就有更大的想像空間。

BANDAI SPIRITS 1/100 Scale plastic kit
"Master Grade"
吉姆・狙擊者Ⅱ＋鋼彈驚異紅戰士 使用
**RGM-79W 吉姆・戰士Ⅱ**
製作、撰文／林哲平

ＭＧ吉姆・狙擊者Ⅱ×鋼彈驚異紅戰士

E.F.S.F.

現今模型的完成度很高，直接組裝很難展現個別差異，所以組合數架MS打造獨創MS的「合成機體」，成為彰顯模型玩家個性的手段，愈來愈受到重視。本次How to說明了新手也能立刻上手的「輕鬆二合一」與「統一塗裝」技巧。「輕鬆二合一」建議以共用零件的系列機體互相替換，其中尤以鋼彈Ver.2.0為始祖的一年戰爭聯邦軍MG Ver.2.0系列，不僅完成度很高，也有非常多的衍生機體；也因為骨架共用，可輕鬆換手換腳，就連外裝都能隨意替換，像積木一樣。對於首次嘗試獨創機體的玩家來說，可說是不易失敗的基礎機體。「統一塗裝」則介紹以液態噴土塗裝的手法。許多人對液態補土還留有「打底用、很厚重、表面粗糙」等印象，但郡氏液態補土1500系列就算作為一般塗料使用，也可以噴出漂亮的塗膜，和其他塗料相比毫不遜色；而且正因為是補土，不管底色是什麼顏色，都可以瞬間遮蓋，呈現醒目色彩。不要因為是補土就覺得很難駕馭，請務必當成一般的灰色、黑色試試看。看著噴上補土後一點一滴改變的模型，你一定會訝異「原來模型塗裝這麼輕鬆」！我的吉姆・戰士Ⅱ是基於「如果真的存在於宇宙世紀，而且突然出現在《鋼彈UC》的話……」的假想，才會選擇這樣的組合，如果讓其他人來組合，可能會做出截然不同的吉姆・戰士Ⅱ吧！獨創MS即使有模範解答，也不會有唯一的正確答案。所以請大家務必多方嘗試，組合出自己獨有的鋼彈模型吧！

◀▲用郡氏液態補土1500系列灰色和黑色，分別塗裝部分零件，便可統一色調，幾乎讓人看不出來這是一架合成機體。

活用成型色簡單精修，
成為進階模型！

接著是第2架合成作品，用的是MG吉姆Ver.2.0及薩克Ver.2.0，製作一架被吉翁軍擄獲，以薩克修補損傷部分的吉姆俘虜樣式。上一架是吉姆系列的合成，有相同的骨架，這一架用的吉姆和薩克沒有共同骨架。但模型使用的塑膠零件及軸等也有些共通部分，稍微改造後應該就能輕鬆替換組合。

BANDAI SPIRITS 1/100 scale plastic kit "Master Grade"
RGM-79 GM Ver.2.0＋MS-06J ZAKUII Ver.2.0 use
CMS-03J GM 0082 North Africa
modeled&described by Teppei HAYASHI

# MG 吉姆 吉翁俘虜樣式
# 「CMS03J戈姆0082北非」

## 01 骨架替換

▶這是 MG 吉姆 Ver.2.0和MG薩克 Ver.2.0的骨架。雖然是分屬聯邦和吉翁兩個不同系統的機體，但如實反映出「鋼彈設計參考薩克」的設定，機構上也有很多共通點，有替換的可能。

◀▲話雖如此，再怎麼像塑膠套和關節結構還是有不同的部分。以手來說，吉姆是連接軸，薩克則是球型軸，無法直接替換。在考慮「是要把連接軸改造成球型軸呢，還是在軸上鑽孔加支軸呢」之前，仔細看看零件……發現二者肩關節根部的軸孔尺寸幾乎相同。

▲因此試著替換吉姆和薩克的肩關節。替換後……竟然就像原本的零件一樣完全吻合！這是因為鋼彈模型設計時，有共同的關節等基本資料，才能運用這種技巧。MG薩克Ver.2.0比和MG吉姆Ver.2.0共用骨架的MG鋼彈Ver2.0更早問世，模型也和設定一樣「根據薩克的骨架設計」，才能運用這種技巧。

▲裝上薩克手臂的狀態。即使是無法直接替換的零件，只要從有一點不同的部位開始替換，有時即可完全吻合，這也是鋼彈模型有趣的地方。不要一下子就動手剪掉連接軸，就把自己當MS的整備士，試著替換各種零件，這也是一個很有趣的過程。

▶腳部的塑膠套直徑相同，可以直接替換。薩克的腳略短於吉姆，但只要把吉姆的大腿朝後方拉開，稍微展開後長度即可配合。

## 02 外裝組裝、塗裝

▶裝上外裝。MG的外裝零件很多，如果已決定好大致方向性，可以只剪下作品用得到的零件，作業更輕鬆。就算是二合一機體，作業量也可以控制在製作單機的程度。

▲裝上吉姆胸部零件前，先和骨架比對看看……如果是紅色，很容易讓人聯想到是聯邦軍。

▲所以用郡氏噴漆罐MS專用深綠色，連同澆道一起塗裝。MS專用深綠色就是薩克胴體的深綠色，最適合作為吉翁系MS的胴體色。遮蔽力也強，多噴幾次連高飽和度的紅色都可變身為深綠色。

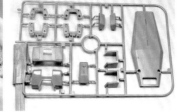

▶裝上塗裝後外裝的狀態。紅色→綠色有了截然不同的印象。胴體的澆道只有一片，只要改變這一片的顏色，就可以大幅改變整體印象。

▲吉姆的肩軸左右對調並翻轉後安裝，可讓肩部位置提高2mm，給人更強有力的印象。薩克的肩比較大，如果按原本的位置裝上吉姆的肩，看起來就有肩膀下垂無力的感覺。

▲左側裝甲外裝會被薩克大腿干擾而掀開，所以拆下不用。因為是無法備齊正規零件的吉翁殘黨使用的俘虜機，零件脫落反而更有說服力。

▲吉姆和薩克的腿完全不一樣粗。拆下薩克大腿外裝，做出左右腿差不多粗的感覺。薩克大腿內部細節極佳，外露還有提高整體精密感的效果。

▲吉姆各關節上的Field馬達內部細節完整，所以試著露出部分馬達內部。在設定上這也是吉姆和薩克的機構最主要的差異之一，強調這種部位可讓作品更有深度。

▲也有一些部分骨架最好不要外露。比方像這架薩克的膝窩內部，有為了安裝骨架留下的大榫孔，看起來很空虛。像這種部分一旦外露，就會拉低作品密度和精密感。

▲吉姆和薩克的大臂。薩克的大臂比較粗，是左右貼合的零件組成，所以骨架十分結實。吉姆原本就纖細，是以功能而非細節為優先的結構。大臂是不太影響整體線條的部分，但太細的話看起來就像是沒有肌肉的人，有損MS兵器的強力形象，所以也要小心。

◀拆下外裝讓骨架外露的狀態。這只是一個範例，請大家多方嘗試，找出自己喜歡的帥氣外露方式。本次範例並未讓小腿骨外露，不過不論是薩克還是吉姆，小腿骨骨架的細節完成度都非常高。

▶製作俘虜機時，配備的武器最好是使用一方的武器，例如吉翁使用聯邦MS時就配備吉翁系武裝，這樣比較有說服力。歷史上也有第二次世界大戰時德軍把從俄羅斯擄獲的大量大砲，裝在自家戰車車體上，作為自走砲使用的前例。

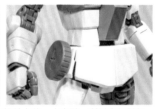

▲薩克機槍上的彈盤是薩克設計上的一大亮點，所以我絕對想用這個零件。配件結構不同，所以無法直接裝在吉姆上，不過只要剪掉背面的連接軸，用模型專用接著劑固定即可，如照片所示。接著在後裝甲的話，從正面看不到，所以裝在側裝甲或前裝甲上，強調醒目的「吉翁感」。

## 03 武裝調整

▲護盾面積大，是決定機體線條和印象的重要部分。這裡組合薩克的護盾和吉姆的護盾基部，試著做出有如傑爾古格M的手持薩克護盾。

▲把吉姆護盾基部的連接爪部分切割下來，用高強度型瞬間接著劑確實固定在薩克護盾上。因為是在護盾背面，接著劑太多也沒關係，而且舊化處理後幾乎看不出來，所以就大膽地固定吧。

▶手持薩克護盾的狀態。成功強化了「物資缺乏，只能用東拼西湊的機體頑抗的吉翁殘黨」的印象。製作方法很簡單，請大家務必試試看。

▲腳部導彈故意只留下一顆。這樣可以演出「物資缺乏，連只剩一顆的導彈都很珍惜使用」的印象，讓作品更有深度。

## 04 單眼化工作

▲單眼可說是吉翁系MS的象徵部分。所以我把吉姆變成單眼。先用斜口鉗把吉姆頭部內部骨架剪成上下兩個部分。

▲把感應器部分用斜口鉗剪出大致的形狀，然後用筆刀修整。裝上外裝後幾乎看不到，所以不需要特地用砂紙等磨出漂亮的形狀，只要削出大致形狀即可。把內部骨架分成如照片中的上下二部分。

▲把分成上下的面部骨架接著在後頭部骨架上，再把薩克的單眼裝在內側。面部表情會隨著單眼位置改變，所以先用雙面膠暫時固定，仔細確認好位置再確實固定。

▲最後在骨架內側塗上消光黑色，用什麼塗料都可以。裝上用鋼彈麥克筆的鋼彈粉紅色和鋼彈新白色塗裝後的單眼即告完成。單眼用雙面膠黏上，完成後還可以微調位置改變表情。

## 05 舊化處理

▲在當地臨時改造的應急塗裝總是容易剝落。邊緣部分用筆刀刮一下，露出底部成型色紅色，看來更逼真。

▲修整湯口痕跡比想像中麻煩。用筆刀刀尖在湯口痕跡附近稍微亂刮，露出底色，當成是塗料剝落後的痕跡。鋼彈模型的湯口都很均衡地分散在不醒目的位置，所以非常適合用來呈現塗層剝落的樣子。

▲露出成型色的狀態。舊化處理過頭看來會給人骯髒的印象，所以要低調並適度處理。最好就只是在邊緣尖端稍微做些掉漆處理就好。處理過頭時就把噴漆的塗料噴在紙杯中，進行修整。

▲最後再進行舊化處理。做法請參考本書P.24起的「MG量產型傑爾古格Ver.2.0」。

## 完成

BANDAI SPIRITS 1/100 Scale plastic kit "Master Grade"
RGM-79 吉姆 Ver.2.0＋MS-06J 薩克Ⅱ Ver.2.0使用

CMS-03J 戈姆
0082北非

製作、撰文／林哲平

MG吉姆 吉翁俘虜樣式「CMS03J戈姆0082北非」

71

▼因為是俘虜機，部分外裝缺損或是直接使用擄獲機體武裝，也是很常見的事。而且被擄的常常是用很久的機體，舊化處理可以有效擴大大家的想像空間。

　　一開始創作合成機時，組合同型衍生機體，例如前面示範的吉姆・戰士Ⅱ，可說是萬無一失的選擇。但組合完全不同的MS，找出帥氣的組合也是組裝模型的樂趣所在。因此我想到製作俘虜機，作為拓展製作範圍的點子，也就是本次How to的主題。所謂俘虜機，就是把在戰場擄獲的敵軍兵器拿來當成自家兵器使用，像是二戰時德軍擄獲大量舊蘇聯軍大砲，並且裝在自家戰車上，改造成像奇美拉一樣的自走砲使用，也活躍於戰場中。雖然吉姆和薩克這看來毫不搭軋的組合，如果設定成是在當地籌措修補零件的俘虜機，就可以打破軍隊籓籬，產生各種替換的可能。原本就是完全不同體系的機體，也就不需要勉強統一顏色；而且這種設定下的機體又非常適合舊化，作業或接著時的不完美之處也容易被忽略，十分推薦新手參考。除了吉姆和薩克，像是傑鋼和基拉・多卡可以設定在宇宙世紀100年代，或是傑爾古格或古夫設定成被聯邦接收，拿著聯邦軍武器活躍在戰場上等等，只要有創意，就有無限的可能性。另外俘虜機還有自行命名、決定型號的樂趣，現實戰爭中也會給俘虜機一個自家軍隊獨立的型號。以本作名稱「CMS 03J戈格0082北非」為例，開頭的C來自德語表示擄獲的「Capture」，放在表示吉翁型號的「MS」前，然後編號「03」給人吉姆之前還擄獲過其他2架機種MS的想像空間，「J」則是因為用了陸戰型薩克的J型零件，所以放在末尾。「戈姆」的名稱是德語「GM」的讀音，選自《MS IGLOO》登場的吉姆偽裝機與俘虜機「戈姆・卡莫夫」、「戈姆・戈發那」。最後的「0082北非」則是指出活動年代及地點，如同真實的戰場紀錄照片一樣，有效地使觀眾的想像膨脹到極限。請大家試著創作自己的俘虜機，讓觀眾忍不住讚嘆：「原來可以這樣做！」

活用成型色簡單精修，
成為進階模型！

活躍於《Hobby JAPAN》月刊的
Rider～Joe的塗裝法，最大特徵就
是可以輕鬆快速完成，但完成後非常
漂亮，完成度看來就像全部塗裝過一
樣。這和本書簡單完成的概念完全相
同。這裡試著重現他的塗裝手法。

BANDAI SPIRITS 1/100 scale plastic kit
"REBORN-ONE HUNDRED"
AMX-103 HAMMA-HAMMA
modeled&described by Teppei HAYASHI

# RE/100 悍馬・悍馬×
# Rider～Joe風塗裝法

## 01 澆道塗裝

▲Rider～Joe風製作法是徹底追求效率的精鍊手法，在尚未剪下零件的狀態下連同澆道塗裝，省去暫時組裝的工夫。本次以Hobby JAPAN旗下刊物《GUNDAM WEAPONS 2》刊登的近藤和久漫畫《0083 JUPITER [ZEUS] IN OPERATION TITAN》中登場的白色哈曼專用悍馬・悍馬「瓦爾基」為主題，以能突顯舊化的白色塗裝。連同澆道塗裝時，要用免洗筷與膠帶確實固定，作為手持部位。

▲白色使用田宮噴漆消光象牙白色。田宮噴漆為油性塗料，有塗膜會溶化等缺點，但Rider～Joe風塗裝只使用水性塗料，所以不構成問題。噴霧粒子很細，塗膜不像其他噴漆罐那麼厚重，而且很好塗裝，可以最大程度活用這些優點。

▲塗裝後的狀態。關鍵就是消光象牙白色帶一點點灰，比高亮度的白色更容易顯色。因為前提就是要進行舊化處理，就算多多少少透出一點底色，或塗膜不是那麼均勻，之後都還可以救回來，非常推薦給模型新手使用。

▶關節的塗裝則使用小型簡易噴漆罐，價格遠比噴筆便宜，體積又小。簡易噴漆罐不占空間，是很好用的小物，還可以自由使用噴霧。比一般的噴漆罐沒有的顏色。漆罐細，又可以自由使用噴霧。

◀關節色使用HOBBY COLOR水性漆燒鐵色。或許有人覺得「什麼年代了還在用水性漆？」不過塗上這個顏色即可呈現消光鋼彈金屬色澤，而且特有的吸附力讓塗料容易附著在舊化素材上，完全乾燥後塗膜強度超群，堪稱是最強舊化處理用關節色。

▼直接用瓶中原液裝入簡易噴漆罐中塗裝，會因為塗料太濃導致噴嘴堵塞，所以用HOBBY COLOR水性漆稀釋液略微稀釋後再塗裝。在紙杯中稀釋，把杯口擠成尖嘴形狀，倒入噴瓶中，小心別灑了。

▲噴塗上稀釋後的燒鐵色。調整塗料濃度時，以「大量塗」而不是「塗得漂亮」為基準，就可以塗得更快。之後還要進行舊化處理，就算有一點不均或粗糙，甚或是不小心塗太多塗料滴落，也不用太過在意。

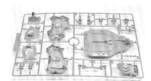 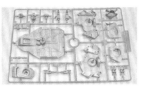  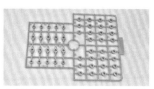

▲塗裝前後的狀態。由鋼彈模型標準的成型色灰色變成消光的鋼彈金屬色澤。HOBBY COLOR水性漆比硝基塗料的噴漆罐更需要時間乾燥，靜置一個晚上後再進行下一步作業比較安全。

▲吉翁標誌後面會用電鍍色澤麥克筆塗裝，所以這裡先取下。漫畫設定的悍馬・悍馬動力管為黃色，塗裝成和關節相同的燒鐵色，可以減少全體的顏色數量。鋼彈模型用色數色少、使用的高飽和度色彩愈少，更接近實際兵器的配色，可呈現出適合舊化處理的逼真軍隊感。

▲塑膠套外露看起來不美觀，所以一樣連同澆道塗成燒鐵色。不噴底漆也無妨。用力摩擦會剝落，但還要進行舊化處理，一般組裝不會有任何問題。因為多了一層塗膜，關節會變得硬一點，算是意外收穫。

## 02 澆道塗裝與消光、電鍍色澤麥克筆

**裝甲裡面也要塗！**

**水轉印貼紙與消光**

▲外裝零件背面就算用噴漆罐塗裝，塗料也很難均勻進入縫隙，難以顯色。直接組裝的話，組裝後從關節縫隙看到零件背面，實在很遜，所以用筆塗上關節使用的燒鐵色。可以直接使用瓶中原液的塗料濃度。因為是暗色系金屬色澤，遮蔽力極佳，一下子就可以塗好。

▲內側塗好的狀態。就算塗超出範圍也不用太在意，因為掉漆處理後就幾乎看不出來了。這是水性塗料，所以筆原則上用水清洗即可，如果筆尖很容易硬化，就用HOBBY COLOR水性漆稀釋液或田宮水性漆溶劑清洗吧。

▲Rider～Joe流就是在零件還在澆道上時貼水轉印貼紙。接著用鑷子把水轉印貼紙貼在醒目位置吧。使用的水轉印貼紙是挪用MG的吉翁系MS的貼紙，本次用的是MG甘恩的貼紙。

**用電鍍色澤麥克筆分別塗裝**

▲塗上郡氏水貼軟化劑，用棉花棒塗勻。因為零件都還在澆道上，所以可以像生產線流水作業一樣，快速完成。詳細的水轉印貼紙貼法請參考鳳凰（P.50起）。

▲貼好水轉印貼紙後連同澆道，噴上郡氏特級消光保護漆。表面消光後塗裝的小缺點會變得不明顯，舊化用塗料也更容易附著。底色是白色，就算在溼度較高的時期作業，消光後略帶白色，也不太看得出來，之後都還可以救回來，所以就放心作業吧。

▲只要塗上就可輕鬆完成電鍍風塗裝的4 Artist麥克筆。銀色是鋼彈模型鍍銀色，宛如閃耀的鉻鋼，金色則是粒子很細的沉穩青金色。

▲使用麥克筆前一定要先仔細把筆內塗料搖勻。銀色的粒子非常細，輕輕搖過即可，但令色很容易塗料分離，一定要確實搖勻。

▲在零件還在澆道上時分塗細節。粗筆頭端筆尖較粗，不好塗時就用細筆頭。

▲分塗真的很細的細節時，可以先把塗料擠在塗料皿上，再用牙籤尖端沾取，利用表面張力原理滲入細節內部。4 Artist麥克筆塗料擠在塗料皿上，一下子就會揮發而變得黏稠，可以滴幾滴油性漆溶劑稀釋後比較好塗。

▲塗裝後的狀態。正因為是4 Artist麥克筆，可瞬間重現金屬零件和使用噴筆用金屬色澤塗料塗裝的質感。可以在容易顯得樸素不起眼的舊化處理上，加入閃耀的重點。

▲推進器只要塗上塗料，就可呈現出有如金屬零件的光澤。訣竅就是擠出多一點塗料，有些填滿細節也可以，在乾燥前讓大量塗料均勻流滿要塗的面積，以避免不均。

▲吉翁標誌則用金色4 Artist麥克筆塗裝。要塗得均勻，訣竅和推進器一樣。不論是聯邦或吉翁，識別標誌如果是獨立零件時，就塗得稍微豪華些，成品會更華麗且醒目。

▲分塗成銀色、金色的狀態。金屬重點色只用一種顏色會顯得單調，但使用2色就會立刻轉變成機械的印象。塗超出範圍的部分之後可以舊化處理掩飾，除非真的很誇張，否則不修整也無妨。

## 03 神筆製作與骨架塗裝零件切割

**製作Rider～Joe風舊化的秘傳「神筆」!**

▲Rider～Joe風舊化處理最重要的關鍵,也就是擬真麥克筆渲染用工具「神筆」。因為市面上沒賣,所以就來自行製作吧。材料就是擬真麥克筆的寫實棕色

▲神筆的誕生,原本是因為擬真麥克筆的塗料用完後,乾燥的筆尖蓬亂得恰到好處,因而自然發生的工具。但麥克筆塗料也不是一下子就用得完,所以就把筆身中的塗料清空來製作神筆。首先用鉗子夾住這裡,向左右轉動把茶色內側的塑膠部分拔出。拔出後內側有透明蓋子。這是不讓塗料流出的蓋子。拔下這個蓋子。

▲塗料在筆管深處,用鑷子夾住拉出。如果很緊拔不出來,就用鉗子拔。最後脫離筆身那一瞬間聽到「碰!」的一聲時,塗料很容易四處飛濺,千萬小心。

▲拔出塗料部分後筆尖會變鬆,很容易縮入筆身中,所以用瞬間接著劑固定照片中的部分。固定時一定要使用高強度型接著劑。用低黏度速乾型的話,接著劑會滲入筆尖整體,整隻筆尖都會硬掉。

▲用紙巾緊緊壓住筆尖,讓殘留的塗料滲出,擦拭乾淨。重複幾次。塗料其實很容易殘留,之後再用吹風機乾燥,效果更好。

▲到這個步驟筆尖還是很尖,很難做渲染,所以用鉗子內側剪去前端約1mm,然後用鉗子夾住筆尖,輕輕把筆尖弄蓬亂。但是要小心切太多、弄太亂就難以渲染細部。

▲人造神筆完成。Rider～Joe風舊化處理表面,看起來好像有用噴筆進行漸層與漬洗處理,降低表面色調,很厲害,其實都是靠神筆做出來的效果。雖然要花一點時間,但絕對物超所值,可說是終極的舊化用工具!

**用神筆進行骨架的舊化處理**

▲Rider～Joe流的做法是由骨架開始組裝。這是因為只要組好骨架,後續就可以很有效率地組裝外裝,所以可以大幅降低遺失零件的風險。

▲用擬真麥克筆寫實棕色1塗在用4 Artist麥克筆塗過的部分,然後用神筆稍微擦過,就可以做出被機油弄髒的逼真表現。這個效果和用油性塗料或郡氏舊化塗料進行漬洗處理一樣。而且擬真麥克筆是水性塗料,大量塗在這種要吃力的關節部位,也不用擔心破損,這是最棒的地方。

▲很快地在段差和刻線部分塗上寫實棕色1,再用神筆渲染,看起來就像是經過漸層處理一樣。如果是消光底色,塗料很容易乾燥,用麥克筆塗一筆就可渲染,這個步調剛剛好。

▲最後用小海綿頭把田宮舊化粉彩D的「紅燒色」擦在邊緣上,再用刷子渲染到全體。加入紅燒色可以表現出關節被啟動時的熱燒得發紅的樣子,更為逼真。

▲關節完成狀態。透過寫實棕色1和紅燒色兩種舊化處理,醞釀出了很久的「服役中機械」的魄力。田宮舊化粉彩一般很容易掉色,不過燒鐵色具有HOBBY COLOR水性漆獨有的吸附力,大家可以放心。

**切割零件!**

▲切割用噴漆罐塗裝好的外裝零件。切割時和一般單純組裝模型時一樣,用斜口鉗分二次剪,沒有問題。

▲剪去湯口當然會露出成型色,但接下來還有掉漆處理作業,處理後就看不出來,所以不用擔心。Rider～Joe風塗裝法是有系統地追求效率的技巧,「省去所有不必要的作業」。

## 04 海綿掉漆處理與神筆渲染

**用水性塗料進行掉漆處理!**

▲Rider～Joe風舊化處理的魅力,就在於用HOBBY COLOR水性漆燒鐵色和田宮水性漆亮光銀色,做出又華麗又具衝擊性的掉漆感覺。本次我想做出較沉穩的風格,所以故意只使用燒鐵色。

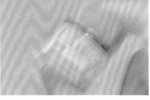

▲掉漆處理前一定要確實搖晃塗料瓶,攪拌塗料,然後打開瓶蓋使用殘留在瓶蓋內側的塗料。這樣可以不用另外準備一個塗料皿,也避免換器皿時造成的塗料浪費,提高性價比。可以直接使用瓶中塗料的濃度。

▲海綿用剪刀剪成適當大小,前端沾染塗料後在旁邊鋪好的紙巾上輕敲,以調整海綿內部的塗料。

▲掉漆處理前的狀態。因為是從塗裝後的澆道上把零件切割下來組裝，所以從湯口邊緣看得到成型色的綠色等，而且又以作業速度為優先，所以表面也不是那麼均勻。但接下來要進行舊化處理，這些缺點都會逐漸消失，愈來愈逼真。

▲用海綿輕輕敲打，塗上燒鐵色。塗料乾燥後不自覺地就很想用海綿用力擦拭，可是這樣做會呈現不自然的掉漆感覺，所以還是要一點一點輕輕塗上。

▲掉漆處理後的狀態。在「如果是真的MS……」的前題下，以邊緣為中心，在塗料會剝落的位置做出逼真的掉漆感。請確認切割零件留下的外露成型色湯口痕跡也被掉漆巧妙掩蓋，完全看不出來。

**利用神筆做出不遜於噴筆的渲染舊化處理！**

▲前面已經在骨架試用過神筆，接下來就是神筆大展身手的部分。用擬真麥克筆寫實灰色2，塗在刻線和陰影陰影部分。

▲用神筆渲染。以乾燥的筆尖用力磨擦把顏色推開來。塗料在消光處理後的零件上乾得很快，能渲染的時間很短，所以畫一條線後就立刻渲染，用這樣的步調作業，顏色就不會滲入不對的部分。

▲風道等細節部分則塗上寫實灰色2，但不渲染直接等塗料乾，做出差異。塗料很容易滲入消光處理後的零件表面，即使是遮蔽力不強的擬真麥克筆，做出來的效果也像塗上一般塗料一樣。

▲刻線較深的部分也直接塗上塗料不渲染，和細節部分一樣。就算塗得有些超出範圍，經過後續的掉漆處理，或用寫實棕色1追加鏽漬流下的狀態，就完全看不出來，不用太在意。

▲和骨架部分一樣，以4 Artist麥克筆分塗的部分，塗上寫實棕色1後用神筆渲染，做出被機油弄髒的感覺。舊化處理加上電鍍風塗裝，光這樣做看起來會有些突兀，所以加上被機油弄髒的感覺，整體更協調，這也是吸睛的重點。

▲用寫實棕色1追加鏽漬流下的感覺。方法和基拉・德卡和薩克Ⅱ幾乎相同，只不過神筆作為渲染工具而已。白色底色上加上棕色鏽漬，效果非常好。本次外裝使用寫實棕色1和寫實灰色2二種顏色，如果覺得麻煩，只用棕色也可以。

▲推進器由外到內，依序用田宮舊化粉彩盒A的淺沙色→泥汙色→B的煤煙色做出三階段的煤煙髒汙，愈往內側顏色愈深。單用煤煙色會顯得單調，加上實際戰機帶棕色系排氣煙塵造成的漸層髒汙，更為逼真。

▶舊化處理完成狀態。不用油性塗料、郡氏舊化塗料就可以做出這種狀態。還不用浪費時間等待塗料乾燥，真的可以快速作業。而且都是水性塗料，也不用擔心零件破損。可說是可動部位多的鋼彈模型的最合適舊化手法。

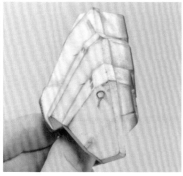

▲用神筆渲染後，筆尖會殘留擬真麥克筆的塗料。用帶有殘留塗料的筆尖輕輕劃過邊緣中心表面，就可以輕鬆做出有如噴筆細吹後有陰影的漸層感。和只進行過掉漆處理的狀態比較看看，可以發現舊化程度更高，有超群的逼真感。

## 05 推進器、單眼與最後精修

**完成推進器！**

▲自澆道上剪下已塗上4 Artist麥克筆銀色的推進器。4 Artist麥克筆是油性塗料，不小心摸到會留下指紋或把塗料擦掉。所以與其剪二次，不如用雙刃斜口鉗仔細地一次就剪下來，再加上舊化處理，成品會更美觀。這也是因為考慮到悍馬・悍馬的推進器太多，所以還是要顧慮到作業速度。

▲掉漆處理時要先仔細搖勻塗料瓶，打開瓶蓋，使用殘留在瓶蓋內側的塗料。這樣可以不用再另外準備一個塗料皿，也避免換器皿時造成的塗料浪費，提高性價比。可以直接使用瓶中塗料的濃度。

▲全體塗上擬真麥克筆寫實棕色1，然後用紙巾擦拭，讓全體略顯暗沉。等塗料乾燥後再用力用紙巾擦拭，會影響好不容易做好的電鍍風光澤，所以不要一次塗大量推進器後再擦，而是塗好一個就擦一個吧。

▲完成後的推進器。看起來就像被熱烤過，呈金屬棕色澤。再加上前頁說明的煤煙髒汙處理，成品會更逼真，但推進器數量實在太多了，就先處理到這個程度，接著進行其他作業。

▲悍馬，悍馬的推進器數量非常多，可以像這樣先依種類分類。全部混在一起的話，組裝時很可能搞錯而無法順利吻合，或是不知不覺就搞丟了。

▶透明零件直接組裝的話，會透出背面的顏色而顯得暗沉。背面有栓槽的小零件無法在背面貼膠帶，所以塗上一點4 Artist麥克筆銀色，光就會在內側反射，看起來更漂亮。

▲單眼背面貼上像施敏打硬裝飾用膠帶的膠帶作為反射板。膠帶黏著面朝上，把單眼放在黏著面上，然後用筆刀割掉多餘的膠帶。

 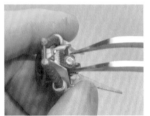

▲如果留著單眼連接部、頭部骨架側的連接栓，就無法裝上貼上膠帶的單眼，而且光線反射的面積也會變小。所以切除連接栓，用果凍狀的瞬間接著劑固定單眼吧。黏合像單眼這種小零件時，用鑷子更能順利定位。

▶貼上膠帶後閃耀著光澤的單眼完成狀態。單眼是吉翁系MS的象徵，是最吸睛的部分。只要這個部分醒目，看來就炯炯有神栩栩如生，所以就算不進行舊化處理，也建議加工這個部分。

## 完成

▲腳部用HOBBY COLOR水性漆燒鐵色和田宮水性漆亮光銀色，做出華麗又印象強烈的掉漆感，讓作品更為逼真。

BANDAI SPIRITS 1/100 Scale plastic kit
"REBORN-ONE HUNDRED"

## AMX-103
### 悍馬・悍馬
製作・撰文／林哲平

RE／100 悍馬・悍馬×Rider～Joe 風塗裝法

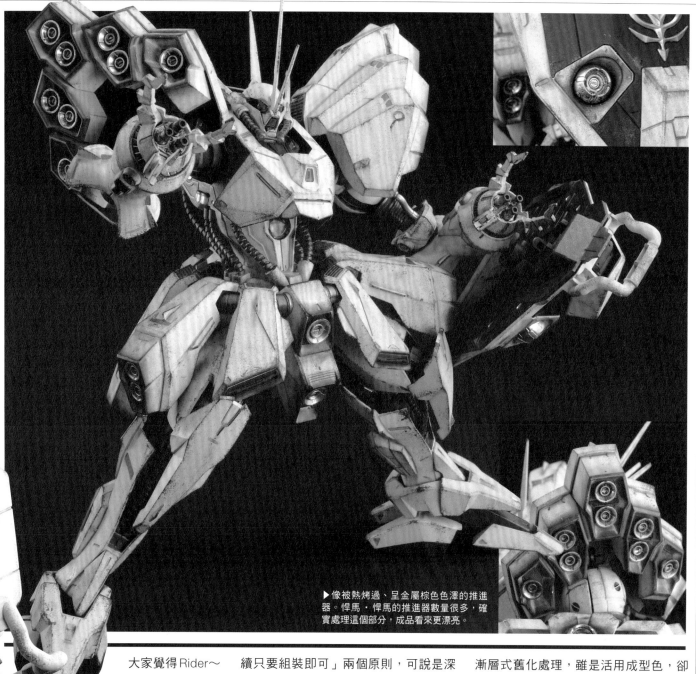

▶像被熱烤過、呈金屬棕色色澤的推進器。悍馬・悍馬的推進器數量很多，確實處理這個部分，成品看來更漂亮。

大家覺得Rider～Joe風塗裝好的悍馬・悍馬如何呢？Rider～Joe是主要活躍於關西地區的職業模型家，他的技術在目前的鋼彈模型舊化處理手法中，可說是最精練的手法。我敢如此斷言，關鍵就在於①速度②安全性③吸睛這三點。

■快速組裝，適合零件量龐大的創作

Rider～Joe的製作方法如同舊式機體的塗裝說明書一樣，塗裝前不先剪下零件。連同澆道進行塗裝，就不用為每個零件製作固定零件的夾具，也不必假組，可大幅縮短作業時間。眾所周知，假組後再拆開來的製作方式，對於現代零件繁多的鋼彈模型來說，可說是非常傷腦筋的行為。他的製作方法是奠基於「自己創作塗裝完成的機體套件」與「後續只要組裝即可」兩個原則，可說是深具系統性。

■堅持水性塗料，不傷及模型和家人

這種技巧除了剛開始使用噴漆罐塗裝外，其他作業幾乎都用水性塗料，過程間沒有怪味，對人體的影響比硝基塗料低，不至於妨礙到同住的家人與小孩，這一點很令人欣慰。不同於過去舊化處理必備的油性塗料及油彩，水性塗料不會損壞模型。像是可動部非常多，如變形MS或具備複雜連動可動結構的MG等，都能活用其機構，盡情地進行舊化處理，只能讚嘆這真是創新的手法！

■極具吸睛效果的舊化處理

然後，這種技巧最具優勢的一點，就是外觀極為酷帥又極吸睛的舊化處理成品。針對強調重量感的燒鐵色施加掉漆處理，再加上用神筆做出不遜於噴筆的漸層式舊化處理，雖是活用成型色，卻絕對具備足以闖進GBWC決賽實績的實力，可說是鋼彈模型舊化的頂級技巧。

實際看到Rider～Joe的作品時，我原本認定「只用水性塗料，不可能有這種完成度」，但因為他的作品實物太美，親自嘗試後發現真的可達到如此完成度，連自己都嚇了一跳。這個手法最厲害的地方，就在於重現性極高，誰來做都可以有這麼高的完成度。愈是習慣舊化處理的老手，愈容易懷疑「真是這樣嗎」，所以不論是新手還是老手，都請務必挑戰看看，確實能夠順順利利完成帥氣的模型，更充分享受製作鋼彈模型的樂趣！

※本次的How to專欄是我自行重現Rider～Joe的技巧。更為完美的手法，刊登於《Hobby JAPAN》月刊2018年7月號及2019年1月號、7月號等，是由Rider～Joe本人親自說明的How to專欄，請務必參考。

# LM313V15
# 第二V突進型鋼彈

BANDAI SPIRITS 1/100 scale plastic kit
"Master Grade"
V-DUSH GUNDAM Ver.Ka +
V TWO ASSAULT BUSTER GUNDAM Ver.Ka +
ASSAULT BUSTER EXPANSION PARTS
for VICTORY TWO GUNDAM Ver.Ka use
LM313V15 SECOND V-DUSH GUNDAM
modeled&described by Teppei HAYASHI

合成機體的應用篇，我利用MG V突進型鋼彈和V2鋼彈突擊殲滅型，試著做出稱為第二V試作中間機的原創設定機體模型。活用白色成型色簡單精修，要讓人看來覺得是全塗裝作品好像很難，但以現今鋼彈模型的成型色品質來說，並不會有問題。先來看看如何製作吧。

活用成型色簡單精修，成為進階模型！

## 01 配合想要的設計，邊想邊組裝看看！

◀加裝 Premium Bandai 選配套件後的V2鋼彈突擊殲滅型，以及V突進型鋼彈。二機都有複雜的變形機關，加上追加零件後，別說要擺出帥氣姿勢了，就連要讓它站立都有相當難度。但拆掉又很可惜，實在令人頭痛。

▶拆下武裝後比較二者的本體。以設定來說，V身高15.2m，V2則是15.5m，只差一點點，但V2的機體體型很明顯地大多了。而且以開發時期來看，V2是比較後期的機體，實際組裝後也發現，整體來說關節強度比V更堅固。

▲為了組裝成第二V風，就從移植突擊殲滅型的武器著手。最優先使用剪影和第二V共通的大型光束加農砲、擴散光束砲英艙、大型光束護盾等吧。

▲話雖如此，直接接著零件就無法重來，所以先用雙面膠試貼在自己覺得「如果接在這裡，應該很帥」的位置。雙面膠建議使用 NICHIBAN 的 Nice Tack 強力型。黏著力強且膠帶強度高，撕下時零件上不會有殘膠，可以撕得很乾淨。

▲用雙面膠固定好的狀態。本次已決定要做成第二V風，所以做成加農風，不過鋼彈模型的特色，就是會隨著零件安裝的場所改變整體印象，可能超乎想像地帥氣，甚至找出從來沒想到過的嶄新規格，所以請務必多方嘗試看看。

▲大型光束加農砲則選用突擊殲滅型而非突進型的配備。因為前者和第二V的大型光束加農砲形狀相同。

▶ 安裝在V本體上的狀態。這個狀態幾乎和第二V的設計相同。但增加零件用的是比V大的V2用零件,所以如果直接用V當成本體,看起來會有小孩玩大車的感覺。此外V的關節為了達到變形的目的,強度沒有那麼高,拿著大型光束加農砲的手會下垂,很難維持帥氣的姿勢。這就是需要創意巧思的地方。

▲ 比較V和V2的手。設計雖然相近,不過V2突擊殲滅型的手可是V2的強化版,不但改良肩部,也提升手肘關節強度。為了確實支撐武器,選用V2突擊殲滅型的手。

▲ 比較V和V2的腳。如圖所示V2的腳比較長且粗,富有魅力。把腳伸直後頭身位置更高,看起來更有英雄風,還可以消除武器帶來的不均衡問題,所以選用V2的腳。

▶ 換成V2的手腳後的狀態。V2是根據V的基本結構設計的套件,所以可以直接換裝手腳。這樣看來已經超乎想像的帥氣,很想直接進入下一步作業,不過本次為了做成第二V風,所以肩膀還是用V的肩膀。像這樣在製作過程中發現的「帥氣組合」,可以拍照或筆記保存下來。現在雖然用不到,但有一天說不定會派上用場。所以盡量把這些創意收集起來,拓展鋼彈模型的製作空間。

▶ 換了肩膀後,再把大型光束加農砲和擴散光束砲莢艙裝設在背上……看來體型好像不同了。這是因為相對於V的胴體,V的腳超乎想像地長,而且肩部裝甲又改用小型的V肩甲,上半身的分量變得不夠了。

▲ 內部骨架很紮實的MG腳部,要活用成型色增加分量很難,所以加大側裝甲減少腳部露出的面積,做出腳部變短的錯覺。幸運的是V和V2二架都有安裝在側裝甲上的光束加農砲/可變速式光束步槍(V.S.B.R.),所以裝上去即可。二架的配件都裝上去比較,結果V2的腳部裝上突擊殲滅型的配備,線條比較有延續感,而且剪影也美,所以選用突擊殲滅型的配備。

▲ V2突擊殲滅型的膝部追加裝甲,與安裝在小腿的導彈莢艙。裝上這些配件腳部變粗,相對地看起來就比較短。不過追加裝備太多,又會顯得雜亂,不符合第V的本質「沒有V2時的V強化版」的特徵,所以本次拆下不用。當然如果你覺得裝上去「比較帥!」也可以裝。

◀ 決定好的組合狀態。手腳取得均衡,體型更具一貫性。確認好組合後就立刻拆開吧。如果維持這個狀態,就會覺得好像已經完成了,常常就此止步停手!

## 02 輕鬆作業裝上零件!

▲ 突擊殲滅型的大型光束加農砲和擴散光束莢艙無法直接裝在V上。先把V突進型的核心推進機基部裝在武裝背包上看看……球型軸和凸軸完全不合。

▲ 此時你可能會覺得「沒辦法」,其實不用想得太困難。切掉球型軸和凸軸,用高強度型瞬間接著劑確實固定即可。這種部位絕對不可以用低黏度速乾型的瞬間接著劑。因為瞬間接著劑可能和入墨線的原理一樣,沿著刻線和細節流入,連原本不用固定的部位都黏死了。

▲ 固定好軸的狀態。有武裝的骨架一般接著面比較大,就算只是平面對接,還是能確保足夠強度。這個狀態下溢出的瞬間接著劑很明顯,但請放心,消光處理後就看不出來。

▲ V胴體側的關節較細,強度有限,裝上V2的手,而且還是突擊殲滅型的手,肩部可能會下垂。因此要移植強度較高的V2突擊殲滅型的關節(XC23、24)。

▲ 聽到要移植鋼彈模型的關節,總覺得很困難。其實跟前面的作業一樣,只要用斜口鉗剪去多餘部分,最後再用筆刀微調即可。

▲ 最後用高強度瞬間接著劑確實固定就完成了。從外面看來沒有變化,但因為軸孔變大變深,所以手持大型光束加農砲和大型光束護盾時,安定感超群。提升關節強度的改造作業,可是具有外表看不出來的效果。

▲ 直接把V2的V.S.B.R.裝在側裝甲上,連接部的骨架零件(XB29、30)會浮起破壞線條,所以用高強度型瞬間接著劑固定,如照片所示。裝上沉重的V.S.B.R.後,側裝甲很容易分離掉落,所以稍微塗點瞬間接著劑在連接部的球型軸上,讓球型軸變大變緊更穩定。

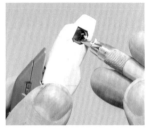

▲V的股間軸有複雜的變形機構，所以位置極偏下方，擺姿勢時打開雙腳，有時會連骨架一起脫落。所以用高強度型瞬間接著劑確實固定成從正面看來呈V字型的狀態。

▲股間固定成V字的狀態。這麼一來就不用擔心脫落問題，可以盡情把雙腳拉開，股間軸的位置也會稍微上提，可以讓原本較長的V2腳部看起來變短。

▲MG的V系列因結構關係，股間很難打開。把大腿側球型軸的後面削成大一點的開口，雙腳大開時可以站得更穩。

▶裝上腳部後的狀態。左腳為改修後的狀態，右腳為改修前的狀態。打開雙腳橫向伸展，可以讓腳看來更短。不透過大改造調整體型，而透過多個細部的簡單調整，利用成型色做出成品，這種做法也可能讓模型風格更為酷帥。

▲肩關節使用強度較高的V2突擊殲滅型的零件。不過外裝的白色零件如果使用V2零件的話，就無法再裝上V的肩裝甲，所以使用V的零件。兩者的基本設計共通，只要削掉塗紅色的部分即可安裝。

▲削掉V的肩裝甲外裝和V2突擊殲滅型的肩關節部分中塗紅色的部分。這樣V的肩內部骨架就可以卡在肩關節上的T字部分而套住，雖然會有一點干擾大臂，但還是可以裝上肩裝甲。

▲剪下頸連接部的旋轉部，降低0.5mm左右的高度，然後用高強度型瞬間接著劑和頸軸接合，拉長頸部。鋼彈型的套件一般頸部都較短，稍微拉長就可以提高頭身，做出更強弱有別的體型。

▶調整各部位關節，連接軸由雙面膠改成固定軸的塗裝前狀態。像這種手持巨大武器的MS，如果不先暫時組裝看看就直接塗裝的話，武器可能干擾意料之外的部分，到最後只能含淚放棄武器。因為偶爾會有這種狀況，最後一定要仔細再確認一次。組裝後發現即使手持武器，整體看來手還是太長。

◀怎麼縮短才好呢……內有內部骨架的MG很難縮短。還好V2手腕周邊是獨立的塊狀結構零件，所以我試著調整這裡縮短手長。

◀小臂塊狀結構連同內部骨架，都用筆刀修得小一點。一口氣削除可能不小心削除掉不必要部分，所以一次削一點，邊削邊套上去看狀況，多做幾次。

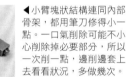

▲最後用高強度型瞬間接著劑固定即完成。手側面的長度沒有改變，但裝手腕的位置變短後，連帶地手腕看起來也變短了。最後的暫時組裝也等於是檢查整體均衡的最後機會，經過這一步驟就可以增加提高完成度的機會。

## 03 塗上鋼彈「白色」看看吧！

▲V2鋼彈突擊殲滅型為了彰顯後半作為主角機種的角色特性，以及作為商品的華麗性，多用藍色和金色配色。把它塗裝成和第二V一樣的白色吧。

▲高飽和度的藍色直接塗上白色，底色也會透出來，很難得到美麗的白色。所以先噴上郡氏液態補土1500系列黑色打底，避免顏色透出來。

▲黑底再噴上郡氏液態補土1500系列白色，讓零件呈現美麗的白色。一般在黑色上塗白色很難顯色，不過這種白色補土會呈現好像在黑底上塗銀色的顯色狀態。

▲塗上白色補土後，表面為消光狀態，入墨線時會滲入內部。因為V2的成型色是略帶藍灰的白色，所以再噴上相同色調的白色吧。很在意的人可以用簡易噴漆罐，把塗料調成很接近成型色的白色再噴上去也行。

▲裝上塗裝好的零件的狀態。白色的色調雖然和成型色略有出入，但組裝後其實幾乎看不出來。V2的腳部原本有醒目的藍色膝蓋，很有特色，這裡把膝蓋也塗成白色，猛一看就好像是V一樣。

▲照片可能看不出來，不過V的白色成型色偏綠，V2則偏藍，直接組裝後其實差異很明顯。所以用剛剛噴在白色補土上的白色塗料，噴在屬於V的白色零件包含頭部、胸、肩裝甲、前裝甲上，調整色調。因為底色是白色，不用再另外塗上黑色等打底，直接噴上即可。白色上的墨線就用最適合Ver. Ka風，略帶紫灰色的寫實灰色1吧。

▲紅圈的硬點部分則用筆塗上田宮油性漆的消光紅色。超出範圍的部分可以用筆刀刀尖直接刮除，或沾帶油性漆溶劑的綿花棒擦拭乾淨。

▲黃色部分直接用成型色可能會透色，所以用郡氏噴漆罐的黃橙色塗裝。黃色零件只有3個，馬上可以塗好，而且又是很醒目的部分，可以充分發揮塗裝的效果。墨線不用棕色，而用擬真橘色1會更漂亮。

▲塗裝完成後，和手腳可動無關的變形部分，就用高強度型瞬間接著劑確實固定住吧。變形模型只要省略機關部分，就有超群的安定感，也更容易使用，還可降低改變姿勢時的破損風險。所以稍微花點工夫加以固定，是有效的選項。

◀模型附的水轉印貼紙以15ｍ大小的Ｖ鋼彈來說有點太大，所以這裡用HG獨角獸鋼彈用的貼紙，按說明書的指示貼上。貼的時候稍微減少數量。警告標誌貼紙太大，看起來不自然，把1/144用的水轉印貼紙貼在1/100的模型上，標誌雖變小，相對卻也更精密。

▲噴上郡氏特級消光保護漆，統一全身的光澤面為消光面。噴保護漆時請選擇空氣乾燥的晴天。因為溼度太高時，保護漆中的消光成分會和空氣中的水分反應，變成白色。

▲防護罩BIT的I-Field產生器在設定中為紅色。模型隨附彩色貼紙，但既然都做成透明的零件，就噴上郡氏噴漆罐透明紅色，做出有透明感的紅色吧。

▲把透明零件直接裝在黑色零件上，會因為透光而顯得暗沉，所以在要貼合的部分貼上剪成適當大小的施敏打硬金屬感裝飾用膠帶，作為反射板。膠帶照著彩色貼紙的大小剪，就能輕鬆剪出適當大小。組合後透明紅色會閃爍發光，成為消光表面的亮點。

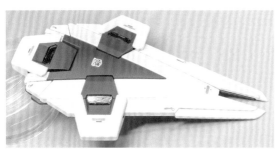

▲完成後的大型光束護盾。把原本角色個性強烈的藍色和金色統一成白色，整體看來立刻變得沉穩，成為第二Ｖ風的成品。MS身上高飽和度的顏色數量愈多，看起來愈像玩具，增加高明度色彩可以做出典雅又成熟的成品。

▲因為要簡單完成，大型光束加農砲並未用鉸刀等調整關節。因此會因塗膜厚度而無法伸縮，我讓它固定在展開狀態。如果硬要做成關閉狀態，塗膜可能破損，甚至可能損壞零件，建議展開即可。這也是常見的結果，不用太過在意。換個角度往好處想，固定後也更有安定感了。

## 完成！

◀▶突擊殲滅型用裝備也經用瞬間接著劑，確實固定在連接武裝背包的連接臂上了，所以可以穩定維持這個狀態。

▶變形機關已經用瞬間接著劑確實固定住，因此也確定了MS形態的姿勢。

　　大家覺得第二Ｖ突進型鋼彈如何呢？本範例主要說明活用成型色的體型調整、關節軸連接方法，以及鋼彈系列MS必要項目但卻有難度的的白色塗裝法。

　　雖然許多人認為，調整體型好像必須全部塗裝才行，但其實活用成型色再加上創意巧思也能辦得到，就如同Seira Masuo的範例一樣，所以希望利用週末製作模型並試圖添加附加價值的玩家不妨參考本次介紹的手法。此外，可完全變形的機體一旦省略變形，穩定性立刻大幅提升，所以建議再加上鳳凰的How to專欄，希望可以助「變型很難，想嘗試但不敢出手」的人一臂之力。

　　如果要將全部零件塗成白色，很花時間又得細細調整，但像本範例一樣，高達70％活用成型色，只有部分塗成白色，就可以大幅縮短作業時間。大家看了說明後，若是浮現「啊！這樣的話我也做得到！」的念頭，我將甚感欣慰。

　　本範例使用不容易取得的Premium Bandai的模型，是因為在現代的鋼彈場景中，Premium Bandai的模型已經占系列產品的一半，變成理所當然的所在，而且Ｖ2鋼彈突擊殲滅型是人氣機體，常常重新生產，也不難取得，所以才選擇使用這架；再加上Premium Bandai的機體比較寶貴，製作的人少，一使用便很容易得到超高評價——這都已經在推特等社群媒體和模型展示會上獲得證實。

　　製作主題的「第二Ｖ」於富野由悠季的小說《機動戰士Ｖ鋼彈》登場，並在動畫版後半代替主角機Ｖ2鋼彈。看上去好像是Ｖ鋼彈加裝Ｖ2鋼彈突擊殲滅型的零件，但其實是過去與潘妮洛碧、Ξ鋼彈並列，是只有行家才知道的人氣鋼彈。原設計的手腳用的是Ｖ鋼彈的手腳，本次範例換成Ｖ2，是因為要施加體型調整；另有一說在Ｖ突進型鋼彈的初期草案中，有上下戰鬥機互換的提案，因而採用這種說法，基於「如果有第二Ｖ和Ｖ2的中間試作機」的構思加以創作。製作獨創鋼彈模型時，於原設定加上一些自己的獨家設定，說服力倍增，容易得到高評價。一邊調查原設定，一邊花時間細細思索，正是享受製作鋼彈模型的醍醐味，請大家務必挑戰看看！

BANDAI SPIRITS 1/100 scale plastic kit
"Master Grade"
V突進型鋼彈 Ver.Ka ＋
V2鋼彈突擊殲滅型 Ver.Ka ＋
V2鋼彈 Ver.Ka用突擊殲滅型擴充零件　使用

# LM313V15 第二V突進型鋼彈
製作、撰文／**林哲平**

# MG RX-78-2 鋼彈 Ver.Ka × Seira Masuo 風細部升級&塗裝法

BANDAI SPIRITS 1/100 scale plastic kit
"Master Grade"
RX-78-2 GUNDAM Ver.Ka
modeled&described by Teppei HAYASHI

活用成型色簡單精修，成為進階模型！

Seira Masuo 是《Hobby JAPAN》月刊的王牌模型師裡，最受歡迎的大師之一！獨創號稱「Masuo細節」的細節精修手法，以及只用筆塗水性塗料完成的粉彩調用色等等，獨特的造型和塗裝品味令人驚豔。但其實這種獨創技法每個人都可以運用，也都能用簡單工具和手法達成。本書最後就來學習 Seira Masuo 作風的終極鋼彈模型成型色成品吧！

## 01 練習看看「手畫刻線」！

▲很多人「誤以為」刻線必須有高端技術和使用昂貴工具。其實成型色精修的刻線既簡單又輕鬆。直接畫在模型上需要一點勇氣，所以先用塑膠板練習一下吧。先用鉛筆或自動鉛筆畫一條直線，不需要用尺，大概的直線即可。

▲接著用刀沿線輕輕割下去。我習慣使用筆刀，Seira Masuo 本人則使用美工刀。據說是因為「美工刀的刀刃結實，割直線不容易歪」。大家可以使用自己覺得順手的刀。

▲用擬真麥克筆沿著刀的割痕塗上，稍微擦拭後就變成這個樣子。塗料會留在刀子的割痕中，一下子就完成刻線了。原則上就是不斷地反覆這項作業。

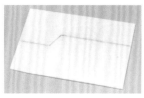

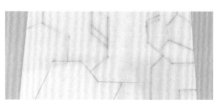

▲接著練習有拐彎的折線。運用一樣的要領，首先用鉛筆畫線。折線也不需要用尺畫，只要大致有直就好。氛圍比正確性更重要。

▲和前面一樣用刀輕輕沿線割下去，再用擬真麥克筆著色。割折線時可以先像這樣，先處理平行的二條線，最後處理連接二條平行線的直線。每次入墨後鉛筆線會消失，所以還不熟悉時可以反覆重畫，多多練習。

▲有拐彎的折線刻線完成。平行線看起來不平行，割痕看起來好像浮起來了，即使如此仍是成功的刻線。折線等如果使用尺規，要花很多時間，但如果是「手畫」，很快就可以完成。

▲「咦？很簡單耶！」當你有這種感覺後，就多多練習用鉛筆畫，再用刀割，然後用擬真麥克筆著色吧。做著做著應該會發現「長直線很難畫得很直」「斜的折線和直角不同，歪了也不容易發現」「畫很多短直線很簡單」。用塑膠板大量練習細節後，接著就要正式上場了！

## 02 「差不多的細節」，快樂刻線！

◀延長小臂外側線的梯形凹槽，直到和剛才畫的直線相交。長度從交點到手腕裝甲露出部位的正中央為止，畫一條線。只要「大概」筆直即可。因為很花時間，我建議大家不要用尺。

◀小臂手腕凹陷部分的角落，到剛剛畫的線的正中央左右，再由下往上，接著畫一條和剛剛那條線「大概」平行的直線。

▲接著從護盾連接孔下側，到小臂輪廓的梯形凹陷的「大概」中央左右，橫向畫一條線，和剛剛畫的二條線相交。

▲由剛剛的交點畫一條斜線，多餘的線用手指擦掉，只留下要用的草稿。

▲練習後就要正式上場了。雖然要先用鉛筆畫刻線草稿，但很難用尺規，所以就沿著機體細節，用眼睛衡量「大概這樣就可以了吧」，然後畫草稿。先從小臂內側線和Field馬達中間畫起。

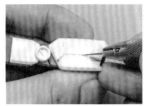

◀草稿畫好的狀態。因為用鉛筆畫在塑膠上，很容易擦掉；就算擦過頭了，也可以一再重畫，沒有任何風險。

▲用刀沿著畫好的草稿線割。訣竅和練習部分的折線完全一樣。不用堅持要「正確又筆直」，只要「大概」筆直就好，就輕鬆地割吧！

◀割好線用手指把鉛筆的草稿線擦掉。這樣做可以讓鉛筆的鉛粉堆積在割線中，突顯割線。刀刃很薄，會留下很鮮明的刻線。

▲▶割好後就用擬真麥克筆入墨線吧。因為是成型色精修，這個零件這樣就幾乎完成了！本次的目標是初期的Seira Masuo風成品，所以用的是寫實棕色1。

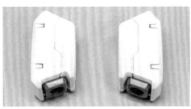

▲另一手也用「大概差不多這樣」的要領，徒手畫刻線。此時請重視「氛圍」勝過正確性。就算有點歪，左右不對稱，只要組裝好全身後，其實幾乎看不出來，所以一點都不需要擔心。

▲入墨線時不小心畫過頭而超出範圍了。不過不用擔心。這是很常發生的事，而且很容易修復，完全不是問題。愈做愈來勁反而很容易不小心超出範圍。

▲超出範圍的部分就用牙籤沾取顏色接近成型色的田宮水性漆，塗在超出範圍的刻線部分修整。

▲修整後的狀態，多少還是有點引人注目，但最後一步貼上消光貼紙後，就幾乎看不出來了。這次示範中修整了多個位置，不過如果想要輕鬆精修，就用「大概」是這樣的感覺，果決地下手，這樣更能健康作業。

## 03 利用澆道頁籤加工細節！

▲澆道頁籤的材質和零件一樣，對於利用成型色精修來說，是極為重要的細節加工素材。先從澆道上剪下整塊頁籤。剪的時候連同圓形澆道一起剪下，增加可利用面積，這樣一塊頁籤就可以做出許多細節加工。

▲用筆刀盡量把澆道的圓形部分和文字部分削平。

▲再用金屬銼刀把殘餘的凹凸磨平，「大概」變成平面後，就成為一塊和零件同色的塑膠片。這就是澆道頁籤細節加工的基本素材。

▲使用時要切割成小片。最快的做法就是放在切割墊上用刀刃壓住，目測後切下需要的大小。還不熟練時可以先用游標卡尺畫一條參考線，輕鬆割下寬度相同的小片。

▲割下的部分再用金屬銼刀稍微磨一下，切割面會更平整，更容易和機體融合。磨的時候也不需要磨成真正的平面，只要覺得平順就好。

▲把割成小片的頁籤放在零件上確認看看。不要立刻黏上去，而是多試試看「加在哪裡最帥氣」。

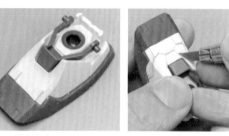

▲放上去確認過後，覺得長方形還是過於單調，所以再次放在切割墊上，用筆刀壓住切割成梯形。這個梯形的形狀是關鍵，因為比起長方形少了平行線和一個直角，左右對稱和歪斜的問題比較不容易被發現。

▲用速乾型膠水黏合頁籤。把頁籤放在零件上，讓膠水流入縫隙即可。把一個塊狀區域的零件組裝好後再黏合，比較能掌握整體均衡，但黏合時要小心不要黏錯地方。

▲黏合後配合頁籤形狀，手畫刻線，加入「大概的細節加工」吧。

▲最後用1000號砂紙輕輕抹過頁籤邊緣。這樣做可以讓邊緣呈弧形，和鋼彈模型本體更為融合，大幅降低「好像是另外加上去的零件的感覺」。

▲澆道頁籤加工後的細節完成狀態。黏頁籤等塑膠素材的細節加工方式，單看零件會覺得很明顯，但加上刻線後看來就和零件融為一體，成為更立體的細部。

▲小頁籤還可以再加入缺口或高低差、改變每一片的厚度等，拓展應用範圍。不要把它想成「不得不做」，請發揮挑戰精神，「這裡試試看斜的吧？」「這裡割開會不會更帥氣？」多方嘗試吧。

## 04 加上左右對稱的刻線

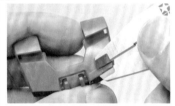

▲用「大概」原則加入許多細部後，唯一怎麼看都會看到左右不對稱的點，就是像胸部有中心線穿過的正面大零件。「沒關係，我差不多就好」的人就跳下去看塗裝說明吧。「不行，我還是會在意……」的人，我為你們介紹用「大概＋α」的原則，即可割出左右對稱刻線的方法。首先以胸部風道內側的細節為基準，用鉛筆畫一條線，然後用游標卡尺沿胸部輪廓平行割出一條線。

▲其次在剛剛畫的風道內側細節旁邊，向上再用鉛筆畫一條線。然後根據「大概差不多這樣吧？」的基準，拉開游標卡尺平行滑動，再割一條線。如此就得到二條平行線。

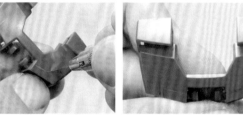

▲用鉛筆連接二條平行線，用筆刀沿著線割。剛剛游標卡尺輕割過的部分也再用筆刀加深割痕。

▲畫出一條折線。方法和「手畫刻線」的練習說明部分完全一樣！另一邊也反方向畫。用鉛筆做記號，再用游標卡尺輕割，輕鬆畫出左右對稱的割線。

▲從衣襟角落朝向折線刻線畫一條線，胸部表面的風道中心左右再畫一條線，二線交叉，加入獨角獸鋼彈風的折線。這個位置不會有中心線穿過，所以「大概」左右對稱即可。就算有點歪斜，完成狀態也幾乎看不出來。

**活用市售塑膠板材**

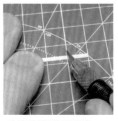

▲胸部細節的完成狀態。運用游標卡尺就可以輕鬆畫出左右對稱的刻線，但如果要求所有刻線都要左右對稱，實在要花太多時間。只要正面一處位置左右對稱，不可思議的是其他部分就算有歪斜，看起來也會變得很精密。

▲畫出一條折線。方法和「手畫刻線」的練習說明部分完全一樣！另一邊也反方向畫。用鉛筆做記號，再用游標卡尺輕割，輕鬆畫出左右對稱的割線。

▲貼上塑膠板材的狀態。在藍色和紅色等顏色較深的成型色零件上刻線，會因為塑膠組成的變化導致刀過的部分變白。這次是割完後再塗上水性塗料。不過既然都要塗了，一開始就用已加工好的塑膠板材，也可以有效縮短作業時間。

▲機體頸部看起來有點短，用Razorsaw鋸刀割斷，加入澆道頁籤後再接回來，可以延長約1mm。因為延長部分會隱藏在外裝的骨架內側，就算延長部分有點髒有點歪，都沒有影響。

▲延長前後的狀態。鋼彈類型的鋼彈模型頸部大都偏短，稍微延長後可以提高頭身，看起來體型更修長，也更有空間做出收下巴、左右轉動等動作，有更多演出的可能。這種延長工作一般要搭配塗裝進行，不過應用在成型色精修上也沒有任何問題。

## 05 掌握細節加工的重點！

▶刻線和細節加工，就以正面→側面→背面的順序，從看得到的部分先著手吧。本次示範除了前後對稱的部分，其他背面都未加入細節加工。加工不用追求全身均等，而是鎖定重點大幅縮短作業時間，更快完成吸睛作品。

▲手腳等有二隻且左右對稱的零件，像左圖一樣排在一起，刻線歪斜和左右對稱的問題看來就很明顯。不過如果是打開雙腳站立的狀態，二個零件分開或呈斜角時，只要有「大概」的精確度就幾乎看不出來歪斜。

▲像這個駕駛艙等有正反面、左右面的零件，不可能同時看到相對的另一面。也就是說就算很歪、左右不對稱，也不可能並排在一起讓人看出來，只有製作者才知道。這種部位就是最佳練習機會，請大家追求「帥氣」更甚於「正確」，大膽地加入細節加工吧。

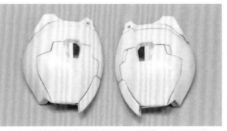

◀塗裝前的狀態。分解取下紅、黃、藍色零件。因為是活用成型色精修，可以直接使用外裝的白色和關節的灰色。

▲肩部裝甲是非常醒目的部位，所以加入細節加工馬上就能讓人知道作品「有加工過」。如果嫌前後都要加工很麻煩，也可以只加工正面，其實也不太會被人發現。

▲一下子就要進行複雜的刻線加工很難。此時可以試著在原有的刻線旁再加入一點刻線，其實就可以得到很好的效果。「咦？我好像也做得到耶！」有這種感覺後，加工就會愈來愈順手了。

### 用水性塗料調出Masuo風用色

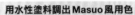

▲Seira Masuo的大作特色之一就是筆塗水性塗料，做出獨特的粉彩調用色。接著就試著用水性塗料，調出Masuo風用色吧。基礎色是白色的田宮水性漆。遮蔽力很強，非常適合均勻塗裝時使用。

▲要調出粉彩色必須有色彩鮮豔的藍色，但田宮水性漆沒有這種顏色。為了添加藍色元素，使用GSI郡氏Acrysion的鈷藍色。一滴一滴地滴入白色塗料中慢慢調出藍色調。調色時使用塗料皿，更容易掌握顏色。

▲滴幾滴後立刻會變成這種粉彩色調。Acrysion的遮蔽力雖然不強，但飽和度極佳，是水性塗料中最高等級的藍色。不同品牌的水性塗料也可互相調色，混合後可以活用各品牌塗料的優點，調出極佳的客製色。

▲Seira Masuo風藍色偏鈷藍色，但仔細確認後會發現帶點紅色。這裡很難再加入紅色調色，所以我加入Acrysion的紫色調整。紫色就是藍色加紅色的結果，可以藉此添加溫和的紅色。

▲調色沒有正確解答，幾乎每位職業模型大師都會煩惱不已。備妥三色左右紅藍成分略有不同的塗料，使用其中最喜歡的顏色，即可輕鬆作業。

▲Seira Masuo風紅色則是在白色塗料中滴入紅色塗料，關鍵是也要滴入些許橘色。粉彩色的紅色如果只使用紅色塗料，看來很像粉紅色，加入橘色可以讓顏色更有溫度，看起來比較像紅色。

▲Seira Masuo風黃色類似海老川兼武使用的黃色，是不帶橘色調偏清爽檸檬黃色。黃色遮蔽力很差又不容易顯色，用白色為基礎色，即使筆塗也可以輕鬆均勻顯色。

▲在塗料皿上調出喜歡的顏色後，就看著塗料皿中的顏色，直接在白色塗料瓶中調色，做出大量筆塗用的塗料，準備開始塗裝。塗裝中萬一塗料用完了，很難再調出一模一樣的顏色，所以調色時一定要再三確認，備妥「好像有點太多了？」的量。

## 06 開始筆塗水性塗料！

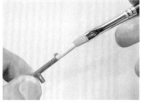

▲調色後的塗料直接使用有些太濃，所以加入少量田宮水性漆溶劑稀釋。不過太稀也很難塗，所以只要加入一點點溶劑和塗料混合即可。

▲正式塗之前，先利用澆道試塗一下。多塗幾次就知道塗多少可以遮住底色、塗料多濃才會乾等訣竅，請務必試塗。

▲每次都倒在塗料皿上使用很浪費，不妨利用瓶蓋內側作為塗料皿。溶劑揮發塗料又變濃時，就再倒入一些塗料，大概變稀一點可以塗就好。

▲筆塗時使用可以把平面塗均勻的平筆。第一次可以多沾些塗料，像是要用筆把塗料推開一樣塗在零件上。塗的時候可能會因為塗料積在細節或凹槽而擔心「會不會填平」，其實等塗料乾後細節自然會浮現。邊緣和表面部分位置可能會塗不均勻，但本來就不可能塗一次就遮住全部底色，所以這樣就可以了。

▲紙杯中倒入水，當筆沾太多塗料，或乾掉、塗料變濃時，可以用這裡的水洗去塗料，再把紙杯杯壁當成調色盤，用水稀釋筆上沾到的塗料。第二次以後的筆塗訣竅，就是用稀釋後的塗料多塗幾次，塗成均勻的表面，但每次都要用塗料皿稀釋實在很麻煩。用紙杯可以一邊洗筆同時當成調色盤，作業更有效率。

▲筆塗時很容易因為焦慮而重複塗。建議塗完一個零件就插在園藝用海綿上，注意把零件分開。等全部零件都塗過一次後再回到第一個零件，這時也差不多乾了，開始塗第二次。這樣可以預防零件重複塗，更有效率。

▲同時塗多色時，每個顏色準備一個紙杯，如圖所示。不同顏色就用不同的紙杯洗筆，即可有效率地塗裝。

▲塗裝成粉彩色調的零件。第一次塗上較濃的塗料，之後用稀釋後的塗料多塗幾次，塗成平滑的表面，這是均勻水性塗料的訣竅。一開始塗的時候，別想著要塗得很美，就用「先塗再說」的心態塗吧。

▲氖核心塗上粉彩黃色。塗料很容易堆積在凹陷位置，請多加小心。反正細節部分加上墨線後，顏色濃淡會有變化，只要外側漂亮顯色即可，不用想盡辦法連凹陷的內側都要塗均勻，完成後就看不出來了。

▲用粉彩紅色塗裝後的護盾。面積大又是平面的護盾，只要用平筆沾稀釋後的塗料多塗幾次，像把塗料推開一樣，這就是筆塗漂亮的訣竅。就算有一點高低差或筆刷痕跡，消光處理後也幾乎看不出來，大概塗勻即可。

▲在粉彩藍色上入墨線，用的是擬真藍色1，塗入細節部位後再擦拭。不過此時如果和一般用擬真麥克筆入墨線一樣，用乾紙巾擦拭，會因為摩擦導致麥克筆塗料滲入水性塗料中。所以要用棉花棒沾取油性漆溶劑，輕輕滑過表面擦去塗料。此外，在水性塗料之上用擬真麥克筆入墨線時，一定要馬上擦拭。否則時間久了塗料固著之後就很難擦拭了，最多只能等30秒左右。最好畫一點就立刻用棉花棒擦拭。真的已經滲入水性塗料中無法擦拭時，就把用相同底色修整那個部分。

▲粉彩黃色部分再用棕色入墨線，看來有點髒，所以用擬真橘色1入墨線。粉彩紅色部分就和白色和灰色部分一樣，用寫實棕色1即可。

◀正在組裝塗裝後零件的樣子。這個狀態下筆塗水性塗料的部分看來有點厚，也有一些筆的刷痕，光澤不均，缺點很明顯。

## 完成

▲▶全身噴上特級消光保護漆進行消光處理。消光後呈霧面，剛剛覺得很明顯的缺點好像都看不到了。水性保護漆和水性塗料的塗膜也非常合，作為表面的保護劑是非常優秀的組合。

◀本次腳底屬於看不到的部分，所以並未入墨線和分塗推進器。Seira Masuo早期作品也故意不塗腳底等看不到的部分，而把時間用在細節加工和製作新作品等「吸睛且有效果的作業」上。Seira Masuo最強的地方就在於效率化作業，不執著全部都要加工，而把重點放在吸睛的部分，減少在看不到的部分上耗費的勞力。

BANDAI SPIRITS 1/100 Scale plastic kit
"Master Grade"

# RX-78-2 鋼彈 Ver.Ka
製作、撰文／林哲平

比起用噴筆進行的全塗裝處理，成型色精修相對容易被輕視。不過「沒有噴筆、只靠筆塗、用美工刀刻線、用澆道頁籤做細節加工」這種使用只有地方玩具店模型區才有，模型專門店缺乏的素材與工具，從而孕育出的技法，說是「終極的鋼彈製作法」也不為過。我見到 Seira Masuo 本人時，曾詢問他：「為什麼會想出這種製作法？」據他的說法，成型色精修是在《Hobby JAPAN》月刊 1999～2000 年代發行各號中，看到以 PG 為基礎的 MAX 渡邊老師的成型色精修 How to 特輯，才確信「用成型色也能決一勝負」。至於刻線，則是根據石川雅夫傳說中的 How to 專欄，也就是珍珠粉上色的 MG 丘貝蕾「有如貫穿機體般的深刻線」為基礎，特化出自己容易操作的方法。Seira Masuo 的厲害之處，就在於目睹前輩的作品後，不會斷定「沒有高價素材或機材，不可能成為職業模型師」，而是堅持「有這些就做得到」，利用自己可以取得的工具與素材，在家人共用的桌子上製作，或是到陽台噴保護漆，極盡所能不斷創作並投稿模型雜誌，靠著當時還不被大眾認可的成型色精修手法，順利踏上職業模型師的道路。

　　本次介紹的 How to 模仿 Seira Masuo 作品的氛圍，說明模型新手也能接受並享受刻線等的「手畫刻線」、「大概即可的細節加工」方法。大家如果可以從中得到「啊，這樣我應該也可以」的感受，沉浸於和過去 Seira Masuo 一樣的體驗裡，就是我最大的榮幸。

　　現今社群媒體和模型大賽中放眼可見成型色精修的作品，得到高評價的得獎作品也不在少數。請大家務必挑戰在 15 年前就領先大眾，掌握現今潮流的 Seira Masuo 的作風！

※本次 How to 是我試著重現 Seira Masuo 的技巧。更完美的手法請參閱《Hobby JAPAN》月刊 2017 年 9 月號，由 Seira Masuo 本人親自說明的刻線設計論、凹凸的立體細節加工表現，以及筆塗水性塗料等報導。

週末動手做 **鋼彈模型**
**完美**
**PERFECT**
**組裝妙招集**
～鋼彈簡單收尾技巧推薦～

**Author**
**林哲平**
Teppei HAYASHI

**CG WORKS**
**STUDIO R**

**PHOTOGRAPHERS**
**STUDIO R**
**本松昭茂** Akishige HOMMATSU(STUDIO R)
**河橋将貴** Masataka KAWAHASHI(STUDIO R)
**岡本学** Gaku OKAMOTO(STUDIO R)
**塚本健人** Kento TSUKAMOTO(STUDIO R)
**関崎祐介** Yusuke SEKIZAKI(STUDIO R)

**ART WORKS**
**広井一夫** Kazuo HIROI[WIDE]
**鈴木光晴** Mitsuharu SUZUKI[WIDE]
**三戸秀一** Syuichi SANNOHE[WIDE]

**EDITOR**
**木村学** Manabu KIMURA

**SPECIAL THANKS**
**株式会社サンライズ**
**株式会社BANDAI SPIRITS ホビー事業部**
**バンダイホビーセンター**

出版 楓樹林出版事業有限公司
地址 新北市板橋區信義路163巷3號10樓
郵政劃撥 19907596 楓書坊文化出版社
網址 www.maplebook.com.tw
電話 02-2957-6096
傳真 02-2957-6435
翻譯 李貞慧
責任編輯 江婉瑄
內文排版 楊亞容
港澳經銷 泛華發行代理有限公司
定價 420元
初版日期 2020年12月

## 後記

說到製作鋼彈模型，過去主流做法就是消除縫隙，用砂紙打磨所有零件，再以噴筆塗裝完成。活用成型色的簡單精修手法雖然輕鬆，卻被公認是低階手法，我以前也這麼認為。所以聽到Hobby JAPAN的木村學總編說「要出一本簡單精修的How to書」時，我甚至還存疑「這真的可行嗎」，可是自己做著做著，體會到不用在意小細節也能做出鋼彈模型的效果，讓我不禁想起小時候自己組裝模型時，只在醒目的部分上色，就覺得「天啊！這是全世界最帥的模型！」然後放在電視上純粹欣賞時的往事。簡單精修和全塗裝，不是哪一種技法比較厲害的問題，一樣都是「製作鋼彈模型」的方法，樂在其中才是最重要的，但我卻忘了這一點。「鋼彈模型就是要經過表面處理，然後全部塗裝。可是我很忙，沒有時間做這些複雜的處理」——像這樣和我抱有相同心聲，很早以前就開始製作鋼彈模型的模型玩家，希望你們都能放輕鬆享受製作模型的樂趣。至於煩惱著「我想製作鋼彈模型，可是機材很貴，我又比不過那些資歷深的人，不敢出手」，現在才要開始製作鋼彈模型的模型玩家，為了讓他們能立刻追上最新流行，我特別把我所知道最輕鬆又易懂的帥氣技巧，濃縮在本書中。

如果大家讀完本書製作出鋼彈模型，可以笑容滿面地欣賞自己的模型，覺得「天啊！這是全世界最帥的模型！」那就是我最幸福的時光了。最後我要在此感謝本書編輯，也就是給我這個機會出版鋼彈模型How to書的木村學總編，以及一直大力支持我的Hobby JAPAN編輯部的各位同仁，還有每當我完成一架模型，就笑著說「好厲害」、與我一起分享喜悅的內人史惠。大家一起來做鋼彈模型吧！

*Teppei HAYASHI*

**林哲平**